国家地理
动物百科全书

ANIMAL
ENCYCLOPEDIA

鱼 类

鲈形类·裂鳍鱼

西班牙 Sol90 出版公司◎著
董舒琪◎译

山西出版传媒集团 山西人民出版社

目录
CATALOGUE
ANIMAL ENCYCLOPEDIA

礁石

海洋生物的藏身之处

珊瑚之间存在着一个神奇的世界，不同的生物在这里共存 月腋光鳃鱼(*Chromis atripectoralis*)、六线豆娘鱼（ *Abudefduf sexfasciatus* ）和黄衣锦鱼（ *Thalassoma lutescens* ）在这里形成混合鱼群，共同分享这片海域

安全的藏身之处

蓝绿光鳃鱼（*Chromis viridis*）藏身于珊瑚的枝杈中，从而免受捕食者的威胁。它们总是组成大型鱼群活动，方便个体寻求保护和觅食。

环境与家园

　　曲纹唇鱼（*Cheilinus undulatus*）依赖珊瑚礁、红树林和海草为生。它们喜欢独居，但有时也会结成小鱼群长时间在某个固定区域活动。图中一尾曲纹唇鱼正在澳大利亚的豪勋爵岛附近的水域中巡游。

鲈形目

鲈形目是辐鳍鱼纲中的一个目，共有超过7000多个不同的种。它们的个体大小差异很大，在世界上几乎所有的水域环境中均有分布。最早的已知的鲈形目化石是白垩纪晚期出现的。

鲈形目鱼类种绝大多数分布于温、热带海区，仅少数如鲈科、丽鲷科等生活在淡水水域，很多是重要经济鱼类。

一般特征

鲈形目是种类最丰富的鱼类目，其种类约占目前辐鳍鱼纲种类数目的 50%。它们在海洋环境中有所分布，但在热带、亚热带淡水水域更为丰富，也有一些生活在咸水中。它们形态各异，两片硕大的鳃盖骨长在头部两侧。鱼鳍通常分为两部分，前半部分的鳍条较硬，后半部分的鳍条较软。

| 门：脊索动物门 |
| 纲：辐鳍鱼纲 |
| 目：鲈形目 |
| 科：156 科 |
| 种：约1 万种 |

源头

从晚第三纪起，即两千多万年以前，鲈形目就大大多元化了，适应了各种水生环境，在全世界的大陆水域和大洋水域均有分布，其中主要分布在极圈带地区。

河鲈形态

鲈形目的得名要归功于鲈科的代表鱼——河鲈，首次于 1758 年由林奈记载。鲈形目由 7000 多种不同形态、大小、生活方式和饮食习惯的鱼构成。其中有的贪婪食肉，有的只食鱼，有的食草，还有的帮其他动物进行清理，比如裂唇鱼就帮更大的鱼类清理身上的寄生虫和黏液。它们鱼鳍中的鳍条很硬（如果看不见鳍条或鳍条很灵活，则是次级鳍条）。由于上颌骨和前颌骨很灵活，它们的嘴可以伸缩。当然，这一特征的演变从根本上取决于它们的饮食。它们有巨大而完整的鳃，鳃边缘有基本发育完整的棘或蜇针。一片或两片背鳍的基部很宽，前几根鳍条非常尖锐。第二片背鳍的鳍条很灵活，和前面的背鳍可能是相连的或断开的，甚至可能连到尾部。

鲈形目腹鳍的第一根通常为鳍棘，后面有五根灵活的鳍条，但有些鱼种可能没有。臀鳍由坚硬的鳍条支撑。它们有一条发达的侧线，一般呈"S"形，一直延伸至尾部。它们身体的结构变化

嘴和饮食

鲈形目以软体动物为食的鱼颌部强壮有力，牙齿与臼齿类似，可以咬碎软体动物的钙质外壳。比如狼鳚可以用尖利的牙齿扒开沙土和石头来寻找猎物。

狼鳚
Anarhichas lupus

对钓鱼者而言
游钓者非常喜欢河鲈，因为它们不仅分布广泛，而且肉质鲜美。

是物种适应环境的结果。比如随鱼群
一起游动的鱼，其臀鳍就和拨水的鳍相
距较远，这样才能感知水的运动。多数
鲈类的身体由栉鳞覆盖（其边缘状似梳
子），但也有的是由圆鳞覆盖（边缘光
滑）。它们的鱼鳔属于闭鳔类（与消化
管不相连）。这是一个重要器官，它的
遗传学特征和胚胎学特征奠定了分类基
础，但也使人们对鲈形目的起源这一问
题产生了争议。科学家在定义并系群等
类群时达成一致，即一个目下各物种的
祖先是多种多样的。

多样性

鲈形目中不同的鱼种已经适应了迥
异的环境，发展出各种独门绝技以求生
存。比如生活在海底的鱼类通常体态修
长，前大后小，鱼鳍通常是残缺的。它
们的上半身通常呈拟态色，便于隐藏自
己，但腹部一般仍为浅色。它们的鳍条
可能很长，能够像天线一样感知水流运
动，从而逃离可能出现的猎食者。较大
的鱼类，如剑鱼，则具有强壮的肌肉组
织，新陈代谢水平也足以保证长时间的
有氧运动。它们的身体一般呈纺锤形，
尾鳍分叉，头很尖，有大量鳍棘，这样
就减少了水的摩擦力，保证了游动时的
稳定性。

繁殖

鲈形目鱼类大多数为雌雄异体，但
也有的是雌雄同体，或先发育一种性别
体征，随后再发育另一种。比如盖刺鱼
科的月蝶鱼，性别发育方式就很独特。
它们通常成双成对出现，当雄鱼死亡后，
雌鱼将发育出雄鱼的特征：外观上颜色
由黄转蓝，且带有深色竖条纹。体内则
将卵子吸收，卵子停止作用，转而生成
精子。两周后即可与鱼群中的其他鱼进
行繁衍。雌雄同体中雌性变为雄性的现
象被称为雌性先熟。另一种迟滞生长的
雌雄同体发生在侧带拟花鮨（鮨科）身
上。雌鱼可在2~3周内变性。雌鱼和雄
鱼被归入混合或单独的群体中。幼鱼彼
此孤立，生活在离出生地不远的地方。

对水族养殖而言
五彩博鱼（*Betta splendens*）
是水族养殖爱好者最喜欢的
品种之一。

地理分布

鲈形目中的大多数鱼类生活在沿海大陆架水
域，但在所有大洋开放水域中也有大量分布。只
有约2000种生活在淡水中。其中慈鲷科的分布很
有特色，主要分布在南美洲、中美洲和非洲的大
陆水域中。

遍布世界

鲈形目的一些鱼种特别受
游钓者欢迎，所以人们把
这些鱼种引到了各国。

鲯鳅
（*Coryphaena hippurus*），又
称"鬼头刀"或"海豚鱼"，
分布非常广泛，主要生活在热
带和亚热带水域中。

黑叉齿龙䲢
（*Chiasmodon niger*）
分布在热带水域，生活
在大西洋、太平洋和印
度洋洋底。

金腹雀鲷
（*Pomacentrus auriventris*）
从密克罗尼西亚联邦到印度
尼西亚均有分布，聚集在珊
瑚礁附近。

濒危物种

鲈形目在世界上几乎所有的水域环境中均有分布，它们受外部环境影响严重，比如农药、废料、重金属和污水对水体的破坏。此外，滥捕、全球变暖带来的海洋温度变化、不同的盐度和潟湖的干涸也是重大威胁。

特别敏感

环境的大幅度变化或多或少地影响了所有有机体。分布越是紧凑的种群，对环境影响越是敏感：一些种群生活在大陆架几平方千米的范围内，聚集在小盆地或洞穴中，如墨西哥地下湖或山中湖泊，从不游入海里。过度捕鱼或引入外来物种经常会破坏其多样性。还有一些种群只生活在特定的温度和盐度中。对它们而言，非常微小的变化都会让它们不安，破坏它们的免疫系统从而致病，此外还会造成生殖腺的发育问题，影响繁殖。只进食某种食物的种群也经常会受到污染事件（比如漏油）的影响。

遗传和进化

传递给后代的基因发生突变有利也有弊。在数量一定的亚种群中，不利的突变一般出现在近亲繁殖（近亲受精），这让它们更易患病。基因的短缺让许多鱼类的小种群更加脆弱，甚至可能导致灭绝，例如当它们丧失栖息地而数量锐减时。

大陆地方性疾病

患地方性疾病的物种就是一个对环境变化敏感的种群的绝佳例证。慈鲷科就受制于陆地环境，其中有许多物种只生活在非洲和中美洲大陆。总体而言，

鲈形目是非常脆弱的，处于极度危险之中，其中慈鲷科占到濒危鲈形目的59%。一个非常有代表性的案例是生活在东非大裂谷河的鲈形目鱼类，它们经过几百万年的共同进化形成了一个食物网，却遭受到过度捕捞和污染的威胁。

严峻的形势
鲈形目的许多鱼都有极高的商业价值，所以被人类过度无序地开发，已经将它们逼到了灭绝的边缘。

保育状况

根据国际自然保护联盟的数据，鲈形目中有574种已受到威胁。其中60%为慈鲷科，然后是鲈科和鲔科。其中最危险的是慈鲷科中的106种，占鲈形目中极度危险物种的75%。

14%
近危

51%
易危

14%
濒危

21%
极危

保育状况

鲈形目面临的主要威胁是栖息地缩小、水文条件变化、环境污染和过度捕捞。其中过度捕捞是最严重的问题。这导致很多物种的数量下降到了前所未有的水平。其中，情况最不容乐观的是鲐鱼、海鲷、鲭鱼和狐鲣，这些都是经常被买卖的鱼种。随着科技的进步，人们可以发现越来越多的鱼群，但捕捞的效率却在日益降低。而另一个严峻的问题是物种入侵，由于没有天敌，当地物种的栖息地被迫改变，这也可能导致它们的灭绝。

乌氏慈丽鱼
慈丽鱼属

为非洲最有代表性的慈鲷鱼，由于栖息地湖泊、小溪周围的森林被砍伐，它们面临灭绝的危险。

曲纹唇鱼
Cheilinus undulatus

除了传统意义上的过度捕捞，曲纹唇鱼还遭遇到使用氰化钠的捕捞，这种物质会破坏它们赖以生存的珊瑚礁，从而使它们面临灭绝的危险。

博氏镖鲈
Etheostoma boschungi

由于工业废料和杀虫剂污染了它们赖以生存的湖泊和溪流，再加上地下水层的变化，它们也属于有灭绝危险的物种。

考氏鳍竺鲷
Pterapogon kauderni

为了水族养殖贸易，人们每年捕捞几十万尾考氏鳍竺鲷，这使它们面临灭绝的危险。许多考氏鳍竺鲷都在运输途中死亡。

乌鳍石斑鱼
Epinephelus marginatus

由于密集的捕捞，它们面临灭绝的危险。在过去的30年间，它们的数量下降了50％。

河鲈及其亲缘鱼类

| 门：脊索动物门 |
| 纲：辐鳍鱼纲 |
| 目：鲈形目 |
| 科：鲈科 |
| 种：200 |

它们体态修长，背鳍分开，臀鳍由一或两根鳍条支撑。它们是食肉动物，分布在北半球的淡水和咸水中，是北美洲种类最丰富的科之一。其中一些物种对于污染非常敏感，可作为衡量水域状况的指标。

Sander vitreus
玻璃梭鲈

体长：80~107 厘米
体重：9~11 千克
保护状况：未评估
分布范围：北美洲

玻璃梭鲈的大嘴中长满了尖牙，第一片鱼鳍中有尖棘。一般背部呈金黄色，侧面呈茶青色，在身体中段有 4~5 块横向的深色斑纹，腹部呈白色。一般雌鱼的体形比雄鱼大。

最长寿命为 30 年，但在过度捕捞的地区一般活不过 6 岁。它们生活在氧气充足的河流和湖泊中，以捕食昆虫和各种体形更小的鱼类为生。如果小鱼数量不够，它们也可以捕食蜗牛、青蛙和小型哺乳动物。由于它们的视力可以适应夜间环境，所以在湖泊中可以潜到很深的深度。它们沿着河流向上游迁徙，在布满沙石的土层上产卵。

在黑暗中捕食
由于它们的眼睛能反射光线，具有适应性，所以可以在混浊的水中辨识并捕捉猎物。

性成熟
3 或 4 岁时达到性成熟，其中雌鱼比雄鱼晚熟一年。

大小
它们的生长速度取决于分布的地域：生活在南方的种群生长更快，体重也更重

Crystallaria cincotta
钻石晶鲈

体长：8 厘米
体重：8~15 克
保护状况：未评估
分布范围：北美洲

钻石晶鲈身形修长，头部较大，尾鳍非常明显，两片背鳍发育完整。通体呈浅棕褐色，带有茶青色斑点，斑点多出现在体侧。即使完全潜在水中，夜晚时鳞片也能反射出闪亮的光（尤其是在有月亮的夜晚）。栖居在氧气充足的河流中，夜间捕食其他更小的鱼类。它们的眼睛能适应低光环境（所以在手电筒照射时，它们的眼睛会发光）。

鉴别方法
背鳍中有 11~13 根鳍棘，这一特征使其与非常相似的同类区别开来。

Sander lucioperca
白梭吻鲈

体长：1.5 米
体重：18 千克
保护状况：无危
分布范围：欧洲中部和东部

白梭吻鲈最大的特征就是其硕大的头颅和满口锋利的牙齿，其中 4 颗是犬齿。它们夜间出来活动，生活在混浊的、水流平稳的深水区，该水域底土层多淤泥，有石头覆盖。每到春天，它们就会逆流而上，到河流和小溪的源头去产卵，由雄鱼负责照看。它们已被引入非洲、亚洲和北美洲，但它们体形硕大而又大肆捕食，给当地生物种群造成了重大灾害。

Etheostoma maculatum
斑镖鲈

体长：5~9厘米
体重：20~30克
保护状况：近危
分布范围：北美洲

斑镖鲈色彩斑斓，雄鱼身上有很多闪亮的斑点。此外，无论雄鱼还是雌鱼体侧都有深色斑点。背部呈橄榄色。生活在含氧丰富、周围有岩石环绕的水域中，栖息温度为10~24摄氏度。在岩石缝隙中筑巢产卵。它们在美国水域有零星分布，是地方性特产。和其他镖鲈一样，也只生活在特定的水域中。斑镖鲈有三个不同的变种，区别主要是鱼鳍和鳍条的数量、鱼身颜色。它们以水生昆虫和马蜂为食。

鱼鳍
鱼鳍呈橄榄色，偏红，有红色的斑点，斑点边缘呈黄色或橙色。

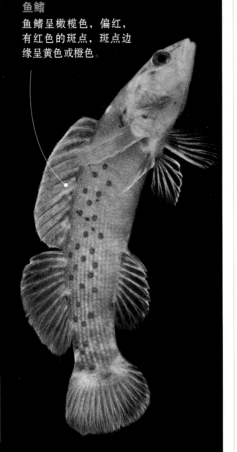

繁衍
斑镖鲈初春时开始产卵，产卵期长达6周，由雄鱼负责照看

Etheostoma blennioides
似鳚镖鲈

体长：13~17厘米
体重：40~50克
保护状况：未评估
分布范围：北美洲

似鳚镖鲈体形修长，颌长而圆。背部呈棕绿色，有6~7处深色标记，两侧有5~8个"U"形或"W"形的斑点。鱼鳍呈浅绿色，有些能呈现绿松石的色调，有些则没有（拟态）。雄鱼体形比雌鱼大。栖息在氧气充足的湍急河流沿岸，在水藻中或覆有地衣的岩石上产卵。雄鱼会严密守卫卵地，以防有入侵者出现。似鳚镖鲈是一种食虫鱼，主要以黑蝇（蚋科）和孑孓（摇蚊科）为食。

Gymnocephalus cernua
梅花鲈

体长：10~25厘米
体重：16~25克
保护状况：无危
分布范围：亚洲和欧洲

梅花鲈背部呈橄榄色且偏金黄，侧面颜色较为暗淡，腹部呈白色且偏黄。栖息在氧气充足的湖泊中。在同等大小的鱼中攻击性非常强，鱼鳍中长满鳍棘，可用来驱赶入侵者。作为一种防御措施，它们受伤时可在水中释放激素，以提醒同类。它们以水底水生昆虫的幼虫为食。

Etheostoma wapiti
韦氏镖鲈

体长：6~8厘米
体重：20~25克
保护状况：易危
分布范围：北美洲

韦氏镖鲈背部呈橄榄色或灰色，雌鱼的颜色一般比雄鱼浅一些。它们的眼下和眼后都有暗色斑点。是唯一一种没有标志性红色斑点的镖鲈。我们很难发现野生的韦氏镖鲈，对它们的自然史也知之甚少。据称它们需要非常特殊的栖息环境。栖息于水流湍急的河流中，河中一般有圆卵石。它们是美国的标志性鱼类，只生活在西弗吉尼亚州。因为它们对水体杀虫剂中的化学物质非常敏感，所以，对它们

的保育是一个大问题。和同属中其他物种一样，雄鱼负责保护附着在岩石下底土层里的鱼卵。

饮食
韦氏镖鲈在白天捕食，以水生昆虫的幼虫为食。

Perca flavescens
黄鲈

体长：50 厘米
体重：2 千克
保护状况：未评估
分布范围：北美洲

黄鲈在淡水和海水中均有分布，一般贴着水底游动。黄鲈的年龄和大小决定了它们的饮食结构，开始是以浮游动物为食，后来转变成以无脊椎动物的幼体为食，如蚊子、对虾和小鱼等（甚至会吃比自己小的黄鲈）。它们的天敌是大鱼和鸟类，如角鸬鹚（*Phalacrocorax auritus*）。1~3 岁时能达到性成熟。它们在春天开始产卵，将 1~4 万枚鱼卵产在水中的树枝或灌木上。根据天气条件和水温的不同，小鱼约在 11~27 天内孵出，寿命可达 11 年。人们已将其引入多个湖泊进行游钓。

条纹
身体侧面有 6~8 条纵向的深色带。

产卵
一大群黄金鲈在浅水区产卵，一年一次。

Perca fluviatilis
河鲈

体长：50 厘米
体重：5 千克
保护状况：无危
分布范围：亚洲和欧洲

河鲈身体呈椭圆形，鳞片粗糙而坚硬。背部绿色而腹部呈银色，侧面有5~7 条黑色条纹。河鲈和北美黄金鲈十分相似，可被认为是同一种。河鲈广泛分布在欧洲和西伯利亚地区。寿命可长达 21 年（但一般仅为 6 年），出生2~3 年后即可达到性成熟。河鲈在夏季繁殖，此时水温可达到 6 摄氏度。一条雌鱼一般与多条雄鱼交配。它们看准机会进行猎食，一般在清晨和黄昏时最为活跃。

Percina aurantiaca
橘色小鲈

体长：13~18 厘米
体重：100~120 克
保护状况：未评估
分布范围：北美洲

橘色小鲈雄鱼的身体呈亮橙红色，非常醒目，一条黑色的带状花纹横向贯穿全身，背部呈灰色，而雌鱼的体色则偏黄。栖息在水质清澈、充满氧气的山区水域中。它们比较喜欢水流平缓、面积较小的栖息环境。它们以昆虫为食，幼鱼一般捕食蚊子的幼虫。

Percina kathae
凯氏小鲈

体长：8~16 厘米
体重：15~30 克
保护状况：未评估
分布范围：北美洲东北部

凯氏小鲈的吻呈锥形，长在腭上。第一片背鳍的上边缘、侧边中部和通身都呈棕黄色或黄绿色。身上有几条发黑的纵向条纹，有点类似虎皮纹，尾鳍上也有一处深色斑点。凯氏小鲈是莫比尔河特有的鱼类。它们在缓流小河的沙质河床或碎石上，或在淤泥质的湖底进食。和镖鲈不同，它们不会保护自己的鱼卵，雄鱼也不会捍卫自己的领地。它们的寿命可达 3~4 年。幼鱼一般以甲壳纲动物为食，成年鱼则主要捕食蚊子的幼虫和其他昆虫。

分布
凯氏小鲈有广泛的栖息地，从大河流到小水域，甚至是浅井和木桶皆可。

Percina rex
王小鲈

体长：8~15 厘米
体重：10 克
社会单位：独居
保护状况：易危
分布范围：北美洲东北部

王小鲈身体结实而修长，体色较浅，从背部到体侧有深色条纹，腹部呈白色。成年鱼的两片背鳍非常高。王小鲈分布在美国弗吉尼亚州的罗阿诺克河和乔万河的出水口，是美国特有的鱼种。主要生活在急流沙砾水域和井中，捕食各种昆虫（幼虫和成虫）。

王小鲈嘴的特殊形状可以方便它们翻开水底的小石块觅食，这是其他鱼类做不到的。王小鲈在 2~3 岁时可达到性成熟。它们一般在春天，即水温达到 12~14 摄氏度时产卵，把鱼卵产在水流平缓的沙砾上。

产卵
产 200~600 枚鱼卵，这些鱼卵都是有黏性的，可以固定在河流和小溪的沙砾上。

眼睛
眼睛很大，几乎位于头部顶端。

Percina palmaris
青铜小鲈

体长：8~10 厘米
体重：10~15 克
保护状况：未评估
分布范围：北美洲东北部

青铜小鲈有 8~10 条宽条纹从背部穿过体侧一直延伸到腹部。背部呈棕黄色，越靠近体侧和胸腹颜色越浅。在繁殖期的雄鱼身体呈深铜色，略微泛一点绿色。雌鱼和雄鱼的体态差别很大：雄鱼的背鳍和臀鳍比雌鱼长，条纹也更多。它们仅分布在美国东部的莫比尔河流域。一般生活在水流平缓或湍急的水域中，在有沙砾和圆形卵石的河床上觅食。

Percina bimaculata
切萨皮克小鲈

体长：109 毫米
体重：无数据
保护状况：未评估
分布范围：美国东部

切萨皮克小鲈背部呈橙黄色，腹部呈白色或奶油色。背部和身体中线之间有 7~11 条不规则深色条纹，在成年雄鱼身上尤为显眼。切萨皮克小鲈学名的由来是它们身体两侧的尾部区域各有一个点，这让我们可以方便地将它们和其他体色相近的同属鱼类区分开来。它们需钻进沙砾中觅食，在锥形嘴的帮助下寻找水生昆虫。切萨皮克小鲈并不常见，但在某些地区数量比较多。它们分布在切萨皮克小海湾，但当地的人类活动可能让这一物种面临危险。

Sander canadensis
加拿大梭鲈

体长：36~70 厘米
体重：3~4 千克
保护状况：未评估
分布范围：北美洲

繁衍
雌鱼的体形越大，卵子质量就越高，生殖能力也就越强。

颜色
黄色或橄榄色，有暗色斑点。

夜间视力
可适应黑暗，从而在夜晚猎食。

身体构造呈典型流线型，这是为了在捕猎食物时达到最大速度并在湍急的水流中尽量减少动作幅度。前后背鳍各不相同，前面的背鳍里面有鳍棘，后面的更光滑。加拿大梭鲈属于迁徙型鱼类，随着季节的变换，在河流中的分布也不同，迁徙范围可达 10~600 千米。大雨过后河底的沉淀物翻滚，让河水变得混浊不堪，但加拿大梭鲈也能很好地适应。它们在夏季需要比较高的水温，即 20~28 摄氏度，这使得它们的分布受南北纬度的限制很大。它们出生 2~5 年后可达到性成熟，寿命长达 18 年。加拿大梭鲈一般在布满岩石的底土层产卵。

石斑鱼及海狼鲈

| 门：脊索动物门 |
| 纲：辐鳍鱼纲 |
| 目：鲈形目 |
| 科：鮨科 |
| 种：450 |

它们体形修长，一般只有一片背鳍和一片圆形的尾鳍，大多数体色鲜艳。它们属于海鱼，生活在热带、亚热带和温带沿岸海域。其中一些暂时或永久性地生活在淡水中。大多数都以鱼类和甲壳纲动物为食。有一些鱼种会变性，起初是雌性，后来变成了雄性。

Pseudanthias dispar
刺盖拟花鮨

体长：8~9.5 厘米
体重：14~19 克
保护状况：未评估
分布范围：印度洋和太平洋中部海域

刺盖拟花鮨身体狭长，嘴大，侧面呈披针形。尾鳍呈叉形；背鳍呈紫红色，其中有 10 根鳍棘，边缘光滑，从后颈延伸至尾部。身体的其他部分呈紫色或浅红色，腹部呈白色。腹鳍很长，超过体长的一半，有时呈蓝紫色。雌鱼为橙色，鱼尾呈黄色，一条粉色的线从嘴边延伸到眼下。它们生活在珊瑚礁边，群体捕食浮游生物。

繁衍
雄鱼的鱼鳍用于展示性魅力。

Pseudanthias squamipinnis
丝鳍拟花鮨

体长：10~15 厘米
体重：15~23 克
保护状况：未评估
分布范围：印度洋和太平洋中部海域

丝鳍拟花鮨通体（包括腹部）呈金黄色或橙黄色，但可随周边环境变化。栖息于热带水域的珊瑚礁中。

Acanthistius brasilianus
巴西刺鮨

体长：60 厘米
体重：3~4 千克
保护状况：数据不足
分布范围：大西洋南部海域

巴西刺鮨体态肥硕，嘴大而吻钝，眼睛很小。第一片背鳍中有鳍棘，据说可用来防御。通体呈灰色或棕灰色，体侧有 3~4 条黑色竖条纹，腹部呈白色。生活在 15~60 米深的亚热带海域和河口区。主要以鱼、甲壳纲动物、软体动物和蠕虫为食。

Anyperodon leucogrammicus
白线光腭鲈

体长：65 厘米
体重：4~5 千克
保护状况：无危
分布范围：印度洋和太平洋中部海域

栖息地
生活在多礁石的沿岸水域。

白线光腭鲈体态肥硕且头大。身体呈白色，偏粉红或偏红，有棕褐色的斑点均匀分布在全身。幼鱼有蓝金色纹，和紫色海猪鱼相似，这种伪装可以帮它们接近猎物。它们生活在深度为 5~50 米的热带多礁石海域，并在海底觅食。它们最喜捕食鱼类和甲壳纲动物，一次吸入一大口，再从中筛选出自己的食物。水族饲养者喜欢饲养白线光腭鲈幼鱼。

Pseudanthias pleurotaenia
侧带拟花鮨

体长：20 厘米
体重：335~450 克
保护状况：无危
分布范围：太平洋海域

　　侧带拟花鮨雄鱼呈紫红色，身体两侧均有粉红偏蓝色的浅色斑点，但在繁殖期外基本看不到。
　　胸鳍一般呈荧光蓝。雌鱼没有斑点，通体呈黄色，鱼鳍为绿色或泛绿。栖居在 10~180 米深的热带珊瑚礁水域，会群体捕食浮游动物。它们有时按性别分开行动，有时又会聚在一起。

　　和其他花鮨一样，它们也是雌雄同体的，如果领头的雄鱼死亡，则团体中最大的雌鱼会变性，来取代它的位置。人们将它们从生活的水域中捞出，卖给水族饲养者，这严重影响了某些区域侧带拟花鮨的种群。

可变性
每条侧带拟花鮨体侧斑点的颜色和大小都不一样。

颜色
雄鱼在交配期间颜色更加艳丽。

Odontanthias fuscipinnis
棕鳍牙花鮨

体长：19 厘米
体重：300~450 克
保护状况：未评估
分布范围：太平洋海域

　　棕鳍牙花鮨通体呈亮黄色，头上有一道水平方向的红色条纹和几处斑点。它们以浮游生物为食。棕鳍牙花鮨能产大量鱼卵，鱼苗个头很小，所以随着洋流漂动，直到它们准备好进入成年鱼的团体。棕鳍牙花鮨的社会结构非常复杂，取决于雌鱼和雄鱼的数量以及它们在珊瑚礁里的位置。一个鱼群中通常有一条领头的雄鱼，另外再有两名副手和 12 条雌鱼。

Dermatolepis dermatolepis
条斑鳞鮨

体长：1 米
体重：9~12 千克
保护状况：无危
分布范围：美洲的太平洋东部海域

　　条斑鳞鮨身体高且坚实，尾鳍的边缘竖直。它们的颜色各异，但底色均为浅色，全身遍布条纹或斑点，以黑色、白色或灰、粉色为主。它们栖息在 20~40 米深的珊瑚礁中，以（海底的）底栖鱼类为食，有时也吃甲壳纲动物。

Cephalopholis miniata
青星九棘鲈

体长：45 厘米
体重：2.5~3 千克
保护状况：无危
分布范围：印度洋和太平洋中部海域

　　青星九棘鲈通体呈橙红色而且偏红棕，全身有大量的亮蓝色或白色小斑点，在身体中央有两三条纵向的深色条纹。眼睛很小，整体看上去很强壮。栖息在 2~150 米深的热带水域中，它们栖息的礁石周围海水清澈透明，几乎毫无遮掩。主要捕食鱼类，尤其喜食丝鳍拟花鮨，此外还捕食甲壳纲动物。它们经常挖洞，用大嘴移动海底的沙子。一个群体中通常有一条雄鱼和 2~11 条雌鱼，它们总是大量聚居，通常占据 500 平方米的面积，每个小区域都由一条雄鱼负责守护。虽然我们推断它们是雌雄同体生物，但目前还没有任何记录证明这一点。

嘴
嘴很大，发育完整的犬齿十分锋利。

Epinephelus itajara
伊氏石斑鱼

体长：2.5 米
体重：300 千克
保护状况：未评估
分布范围：大西洋和太平洋东部海域

伊氏石斑鱼的体形肥硕，嘴又宽又大。身体呈棕色偏白的拟态色，体侧有三四条深色纵向条纹。主要生活在礁石区，但也有生活在热带水域海藻丛中或深度中等水域中的。幼鱼生活在咸水河口和红树林，这是石斑鱼的非典型习性。它们一般以小鱼、甲壳纲动物和章鱼为食，梭鱼（金梭鱼科）和大鲨鱼是它们的天敌。它们的生长速度很慢，在夏季繁殖：几百条鱼聚集在 15~30 米深的水域中进行繁殖。幼鱼刚出生时均为雌鱼，10 年后才会变性。它们经常隐藏在礁石的洞穴中，把那里作为它们的领地；当它们感觉受到攻击时会迅速张口咬食。

Mycteroperca tigris
虎喙鲈

体长：1 米
体重：15~27 千克
保护状况：无危
分布范围：大西洋中部海域

虎喙鲈的体形壮大肥硕。背部颜色很深，有 9~11 道浅色条纹，呈虎皮条纹状。它们的体色可随环境的不同在深浅之间变化。它们的捕食方式为吸入小鱼再将小鱼留在齿间。

Plectropomus leopardus
鳃棘鲈

体长：1.2 米
体重：23 千克
保护状况：近危
分布范围：太平洋西部海域

鳃棘鲈身体呈橄榄色而且偏红棕，有些鳃棘鲈呈橙红色。头部和身体上有很多蓝色斑点（只有胸腔以下部位和腹部为浅色）。它们生活在 3~100 米深的热带水域中。以鱼类和无脊椎动物如甲壳动物和鱿鱼幼体为食。是远洋性鱼类（需要进行长距离迁徙以进行繁殖）。它们在新月时聚在礁石上产卵，寿命为 26 年。

Variola louti
侧牙鲈

体长：75~83 厘米
体重：12 千克
保护状况：无危
分布范围：印度洋和太平洋海域

侧牙鲈呈灰紫色，有深色小斑点，侧面和腹部呈粉红色，偶尔有黄色斑点。它们生活在 3~240 米深的珊瑚礁中，多生活在岛屿附近，鲜有分布在大陆架附近的。尾巴的边缘呈里拉琴形，黄色，十分醒目，如果海水清澈，在很远的地方就能看到它们。以鱼类、螃蟹、对虾和口足类动物为食。每年产卵两次，人们通常认为随着年龄的增长，雌鱼会变性成雄鱼。

Paralabrax clathratus
大口副鲈

体长：72 厘米
体重：5.5~7 千克
保护状况：无危
分布范围：太平洋海域，美国加利福尼亚沿海

大口副鲈的眼睛和嘴均很大。背部呈灰棕色，有白色的长方形斑点呈线状分布，腹部呈白色。栖息于 60 米深布满褐藻的水域之中。大口副鲈属于底栖生物，但在各种深度均有分布。捕食鱼类和头足类动物。如果有充足的浮游生物，幼鱼和成鱼都可以之为食。到产卵期时它们大量聚集，鱼卵也成为浮游生物的一部分，直到它们长成幼鱼。

射水鱼

| 门：脊索动物门 |
| 纲：辐鳍鱼纲 |
| 目：鲈形目 |
| 科：射水鱼科 |
| 种：7 |

　　射水鱼的特征是用口中射出的水柱来攻击并捕食昆虫和其他动物。它们生活在河口红树林附近的咸水水域中，但也能在淡水或海水的开阔水域存活。它们体态修长，体侧紧致，背鳍向后延伸，侧面呈三角形。它们的嘴可以向外伸出。

Toxotes jaculatrix
射水鱼

体长：30 厘米
体重：0.8~1 千克
保护状况：未评估
分布范围：印度洋及太平洋中西部海域

　　射水鱼的身体呈银白色或黄色，背部有 4~6 条黑色条纹。整个腹部呈白色，鱼鳍为半透明的白色。主要栖息在 25~30 摄氏度的热带河口红树林水域，但在其生命周期中也会进入淡水河流和小溪。它们生活在水上的灌木区和悬浮植被附近，并在这里觅食。白天，它们在水面巡游。它们用嘴喷出水柱猎取空中的猎物，在猎物刚接触水面时就迅速将其吞下。它们喷出的水柱力量很大，有时可高达 2.5 米，但持续时间不超过 1 秒，因此适合伏击猎物。它们还可以以浮游植物为食。总是群体行动。

非典型的捕食
水柱的高度为其体长的两倍。

瞄准
它们双眼很大且为双目视觉，可以计算射程。

适应性
在计算射程时可以弥补视觉折射。

Toxotes microlepis
小鳞射水鱼

体长：15 厘米
体重：200~250 克
保护状况：无危
分布范围：太平洋中西部海域

　　小鳞射水鱼的体形和颜色与射水鱼均十分相似，但体形更小，且嘴更突出。黑色的条纹可以延伸至腹部以及背鳍和腹鳍。通常栖息在大河中，但需要迁徙来进行繁殖，有时甚至迁徙到河口水域（咸水区）。它们以昆虫、浮游动物、甲壳纲动物和幼虫为食。

Toxotes lorentzi
洛氏射水鱼

体长：18 厘米
体重：300~350 克
保护状况：无危
分布范围：澳大利亚

　　洛氏射水鱼的嘴部又大又扁。身体呈灰色，背部为深色或橄榄色，腹部为浅色，有些洛氏射水鱼有纵向的深色条纹。背鳍和腹鳍呈半透明状，且均为浅色。它们生活在热带的小溪和沼泽中，栖息温度为 24~32 摄氏度，水面有大量的悬浮植物。它们在雨季之初产卵。洛氏射水鱼一般很少见，但在特定的地点和特定的季节常有出没。和其他射水鱼一样，它们以中小型的陆生昆虫为食。

金枪鱼及其亲缘鱼类

门:	脊索动物门
纲:	辐鳍鱼纲
目:	鲈形目
科:	2
种:	205

狐鲣和金枪鱼（鲭科）体态肥硕，呈纺锤形，头尖，尾部分叉。它们在水面附近成群活动，是人类重要的捕捞对象。蓝鲹、高体鲕、智利竹鱼和波线鲹（鲹科）都是生活在开阔水域的高速捕食者。它们体形修长且坚实，臀鳍中有两根棘。

Scomber japonicus
白腹鲭

体长: 50 厘米
体重: 1.1~2.9 千克
保护状况: 无危
分布范围: 温带大西洋海域

白腹鲭为深海浮游或深水鱼类，生活在 250~300 米深的水域中。身体呈纺锤形，符合流体动力学特征，尾柄（身体与尾巴连接的部分）细圆。叉形的尾巴前有小鳍位于背部和臀部。背部呈深绿色，有纵向的波浪形粗线条点缀。尾巴上每一片尾叶的基部各有一块深色的圆形斑点。栖息于 14~23 摄氏度的相对温暖的水域中。白腹鲭喜群居，通常成群结队地迁徙。它们成长速度很快，通常在 3~4 岁时达到成熟。一般在春夏季进行体外繁殖。它们在特定的区域捕食秘鲁鳀、深海浮游甲壳动物、浮游动物和浮游植物。白腹鲭还有重要的商业价值。

解剖学特征
白腹鲭与同属的其他鱼类不同，因为它们出生时鱼鳔与食管相连。

Thunnus thynnus
北方蓝鳍金枪鱼

体长: 2.5 米
体重: 450 千克
保护状况: 极危
分布范围: 大西洋和地中海海域

背鳍
前面的背鳍有 12~15 根硬鳍棘，后面的背鳍有 2 根硬鳍棘和 12~14 根软鳍条。

北方蓝鳍金枪鱼的体态浑圆呈纺锤形，符合流体动力学特征，嘴小而尖，牙齿呈锥形。它们是远洋鱼类，经常下潜至 100 米深的水域。它们会进行大规模迁徙，如在春天会从大西洋迁徙至地中海等较温暖水域进行繁殖。人们通常认为它们在冬天依然生活在 1000 米深的较冷水域中。它们不喜群居，但有时会和同科（金枪鱼科）其他鱼类一同出没，以螃蟹、鲭鱼和浮游生物为食，天敌是虎鲸和巨头鲸。

Scomberomorus sinensis
中华马鲛

体长: 1~2.18 米
体重: 20~80 千克
保护状况: 未评估
分布范围: 太平洋西部海域

中华马鲛一般生活在海洋环境中，但也可在河流中存活，尤其是中国的澜沧江水域。它们以鱼类为食。体侧呈银色，有两串大的圆形斑点。背鳍有 15~17 根硬鳍棘和同样数量的软鳍条。腹鳍有 16~19 根软鳍条，但无硬鳍棘。嘴尖，尾部呈叉形，有大小不同的叶片。

Rastrelliger kanagurta
羽鳃鲐

体长：35 厘米
体重：无数据
保护状况：未评估
分布范围：印度洋西部和太平洋西部海域

羽鳃鲐的身体上方有深色或金色条纹，胸鳍下边缘处有黑色斑点。背鳍为黄色，也有黑色的斑点。它们一般生活在沿岸浅水区，温度在 17 摄氏度以上。成年羽鳃鲐常在海湾、港口和深潟湖中出没，这些水域大都较混浊，且有充足的浮游生物。以大型浮游生物为食，其中包括幼虾和鱼类。生活在北半球（印度）的羽鳃鲐于 3~9 月之间产卵，而生活在塞舌尔群岛附近的羽鳃鲐则在 9 月至次年 3 月间产卵。它们的卵就产在水中，无须照看。

幼鱼饮食
幼鱼以硅藻等浮游植物和浮游动物为食。随着幼鱼的成长，它们的肠道也会缩短，开始适应成鱼的饮食。

Acanthocybium solandri
沙氏刺鲅

体长：2.5 米
体重：83 千克
保护状况：未评估
分布范围：大西洋、太平洋和印度洋、加勒比海和地中海海域

沙氏刺鲅生活在热带和亚热带水域，由于肉质鲜美、游动速度极快（可达 75 千米/时），受到游钓者的垂青。它们体形修长，鳞片呈金属色，但并不显眼。它们的嘴很大，当嘴紧闭时，皮肤的褶皱会遮住颌。人们根据这一特征可以区分沙氏刺鲅和普通鲭、大鳞舒等相似种类的鱼。它们通常独居，但在适宜的环境中也会群体行动，一个群体最多可达 100 条。它们以其他鱼类和鱿鱼为食。人们通常认为沙氏刺鲅的繁殖期依栖息地的不同而有所变化，在全年均有可能繁殖。雌鱼每次可产 6000 万枚鱼卵，这些鱼卵漂浮在海洋上。

Thunnus maccoyii
蓝鳍金枪鱼

体长：2.5 米
体重：200~400 千克
保护状况：极危
分布范围：大西洋、印度洋和太平洋海域

蓝鳍金枪鱼是体形最大的有骨鱼，鳍相对较小。和金枪鱼的其他种类一样，可以将体温维持在高于环境温度 10 摄氏度以上。这是一大优势，因为高体温可以保证高的新陈代谢率，让它们在捕猎或长途迁徙时都占尽优势。它们以甲壳动物、头足动物和其他鱼类为食。在 9~12 岁时达到性成熟。蓝鳍金枪鱼具有极高的商业价值，通常被人们生食。

Thunnus albacares
黄鳍金枪鱼

体长：2.8 米
体重：200~400 千克
保护状况：无危
分布范围：世界各地均有分布

颜色
背部呈黑色或暗蓝色，腹部呈银色或黄色，与背鳍和臀鳍颜色一样。

胸鳍
胸鳍很长，且会超过第一背鳍。

黄鳍金枪鱼生活在全球热带和亚热带的开放水域中。黄鳍金枪鱼属于上层鱼类：栖息于接近水面 100 米的水体内，适宜温度在 18~31 摄氏度之间。和其他金枪鱼一样，它也充满活力，游速可达 70 千米/时，在特殊情况下甚至可以超过 100 千米/时。它们的迁徙通常持续两个月，最多可下潜 400 米。由于过度开发导致蓝鳍金枪鱼数量减少，这使黄鳍金枪鱼成为重要捕捞对象。它们与金枪鱼科的其他物种以及海豚、大西洋鼠海豚、鲸鱼和鲸鲨成群结队。它们不挑食，主要以各种鱼类（凤尾鱼、鲭鱼和其他金枪鱼）、鱿鱼、章鱼和海蟹为食。它们通常在日间捕食。

Trachinotus stilbe
灯鲳鲹

体长：30~47 厘米
体重：700 克
保护状况：无危
分布范围：太平洋东部海域，厄瓜多尔和秘鲁附近沿海

灯鲳鲹是生活在沿海水域的海鱼，有固定的居所，一般栖息在礁石中，总是成群行动。在水深 25 米处可以发现它们的踪迹。吻长，侧线笔直，腹鳍很小。身体呈椭圆形，体侧为银色，而腹部为白色，尾鳍的边缘为黑色。人们易将其与美洲鲳鲹、白舌尾甲鲹混淆，后二者也属于鲹科，但根据头后的彩虹白条纹就可以将它们区分开来。

人们对其繁殖情况知之甚少，但很显然，它们在春、夏、秋三个季节产卵。鱼卵和幼鱼都在海中浮游。生长速度很快。

饮食
它们主要以深海浮游的甲壳纲动物和其他有骨鱼为食。

特别的线
一旦将它们从水中捞出，白色线纹就会迅速消失

Lichia amia
波线鲹

体长：1~2 米
体重：19 千克
保护状况：未评估
分布范围：大西洋东部和地中海海域

波线鲹为海洋上层鱼类，生活在沿岸水域（距离海岸约 200~300 米），栖息深度为 50 米。它们可以进入河口，尤其是在秋天排卵的时候。它们的卵也漂浮在海水表层。面部较尖，上颌骨后端延伸至眼后缘后方。侧线弯曲，胸鳍前后都有一道曲线花纹。波线鲹的第一背鳍有 7 根硬鳍棘，第二背鳍有 19 根硬鳍棘和 21 根软鳍条。背部呈棕色而且偏银绿，侧线以下的部分呈银白色。鱼鳍呈浅棕色，背鳍和臀鳍呈黑色。上下颌间的牙齿又小又尖。

成年鱼的游动速度非常快，且视觉很好，可以捕食小鱼和幼年的甲壳纲动物。

波线鲹深受游钓者的喜爱。

Parona signata
拟鲳鲹

体长：43~59 厘米
体重：570~1600 克
保护状况：未评估
分布范围：大西洋西南部海域

拟鲳鲹是栖息于海水底层、上层的凶猛肉食性鱼类。以鱼类尤其是鳀鱼和无须鳕幼鱼为食，但也吃章鱼和甲壳纲动物。它们体态修长，侧扁，呈菱形，通体覆盖着微小的闪闪发光的银色鳞片，背部呈深蓝色，鱼鳍呈灰色。有一条侧线从鳃盖骨弯弯曲曲地延伸至背鳍的起点处。尾鳍呈叉状，臀鳍和第二背鳍几乎完全对称。嘴又扁又大，嘴角向上倾斜。

在春夏两季繁殖，寿命约为 6 岁。人们捕捞拟鲳鲹后一般直接在当地食用新鲜的鱼肉。

Trachinotus falcatus
镰鳍鲳鲹

体长：1.22 米
体重：39 千克
保护状况：未评估
分布范围：大西洋西部海域

镰鳍鲳鲹分布在大西洋西部。学名中的 "*falcatus*" 源自拉丁语，意即 "带着镰刀的"，这是指它们的背鳍很长，当它们在水面附近觅食时，部分背鳍会露出水面。身体侧扁。在臀鳍前的腹部位置有一块橙色斑点。它们的牙很小，且向后弯曲。成鱼呈银色且偏蓝灰。栖息在较浅的热带水域，如运河或沙质浅滩中，有的独居、有的群居。虽然它们是生活在沿岸水域的鱼类，但为了产卵也会游入海中，在海里以无脊椎动物为食。

颜色
有些镰鳍鲳鲹颜色很深，幼年镰鳍鲳鲹能够变色。

重牙鲷

门：	脊索动物门
纲：	辐鳍鱼纲
目：	鲈形目
科：	鲷科
种：	125

鲷科中最为人们所熟知的鱼种为梭鱼（金梭鱼科）和重牙鲷。它们体形高耸，侧扁，背鳍有鳍棘，尾鳍张开，栉状鳞片发达。栖息于海岸边，是杂食性鱼类。它们雌雄同体：既可从雄性变为雌性，也可从雌性变回雄性。

Pagrus pagrus
赤鲷

体长：70 厘米
体重：8 千克
保护状况：濒危
分布范围：大西洋海域，从大不列颠群岛至阿根廷沿海

赤鲷比较喜欢亚热带中上层水域。它们身材矮小且扁，呈椭圆形，通身由银粉色鳞片覆盖，有黄色条纹。它们的鱼鳍或粉或红，十分惹眼。它们的嘴又尖又长，游动速度非常快。通常为独居动物，偶尔也会形成小群体。

Diplodus vulgaris
项带重牙鲷

体长：20~45 厘米
体重：无数据
保护状况：未评估
分布范围：大西洋东部和地中海海域

黑色条纹
一条在背部，另一条在鱼尾基部

项带重牙鲷栖息在亚热带沿岸泥沙混杂的水域，深度可达 100 米。它们的底色为银色，身上有金色的条纹，背部颜色要更深些。此外它们还有两条非常显眼的黑色条纹。幼鱼喜欢富含水藻的水域。成年鱼以甲壳纲动物、软体动物和水藻为食。它们雌雄同体：一生中可以体现出两种性别，先为雄性，后为雌性。项带重牙鲷在 9~11 月间产卵。

Pagellus erythrinus
绯小鲷

体长：10~50 厘米
体重：3.2 千克
保护状况：未评估
分布范围：大西洋东部和地中海海域

伪装
当它们感觉到有危险时，身体上会出现条纹。

绯小鲷的身体呈椭圆形或纺锤形，眼、口均很小，这一特征可以方便人们区分绯小鲷和黑斑小鲷、腋斑小鲷等同属近缘种。它们是雌雄同体生物：2 岁之前是雌性，到 3 岁就变成雄性。以其他鱼类及海底无脊椎动物为食，栖息在近岸水域中，那里通常为岩石底，布满砾石、沙子和海藻。它们组成小群体生活在距水面不远处，

但冬天会潜入更深的水域，在地中海会潜至 200 米的深处，而在北海则会潜至 300 米的深处。
食用绯小鲷可能会引起希瓜特拉病，这是生活在礁石水草中的腰鞭毛目动物身上的毒素导致的中毒现象。

Archosargus probatocephalus
羊鲷

体长：75 厘米
体重：10 千克
保护状况：未评估
分布范围：大西洋西部海域

羊鲷的体形高而扁，以灰色为底色，体侧有 5~6 条深色条纹。它们的背上有几条尖棘，嘴部坚硬，牙齿锋利，有助于获取猎物，如牡蛎等双壳类动物和螃蟹。

倒下的巨兽

尽管对北方蓝鳍金枪鱼（*Thunnus thynnus*）的捕捞从00年前就开始了，但是北方蓝鳍金枪鱼的数量却从1970才开始减少，而这正是日本市场开始赋予其经济价值的份。虽然国际大西洋金枪鱼保护委员会、世界自然基金会等各国际组织都在积极努力，但是它们依然是目前全球范围内非法捕捞指数最高的物种。每年允许的捕捞量为3.2万吨，但实际捕捞量为5万吨，这导致北方蓝鳍金枪鱼的数量减少了80%。

◀ **饲养方法**
有些国家采用了在养殖场育肥北方蓝鳍金枪鱼的技术，在2~6个月内即可增加幼鱼样本身上的生物质量。

▼ **24小时内从海洋上餐桌**
捕捞北方蓝鳍金枪鱼的船只具有特殊设计，使其可以每天冷冻并存储200吨金枪鱼。供应船则负责满足这种船只的需要，并将货物运送至加工厂。

◀ **围网捕捞**
捕捞金枪鱼最有效的方法是围网捕捞，具体方法为发现金枪鱼群，然后用近2千米长、190米深的不规则四边形网将其围住。这张网的底部有铅锤、上面有浮标，从而保持网的竖直。当鱼群靠近时，渔网闭合并用驳船（围网渔船的一部分）拉起。在所有的围网捕捞中，捕金枪鱼的方法是最完善的，采用的技术也是最先进的。在美洲，美国和墨西哥的设备是最精良、也是最高效的。

蝴蝶鱼

门: 脊索动物门	
纲: 辐鳍鱼纲	
目: 鲈形目	
科: 蝴蝶鱼科	
种: 114	

蝴蝶鱼生活在珊瑚礁中，体形扁高，从侧面看近似圆形。它们色彩鲜艳，有些鱼种的后半身有一个类似眼睛的斑点，这是为了逃脱捕食者的追捕。在修长鱼吻的一端生着一张小小的嘴，寻觅着洞穴和裂缝中的无脊椎动物。它们一般为一夫一妻制。

Chaetodon semilarvatus
黄色蝴蝶鱼

体长: 23 厘米
体重: 无数据
保护状况: 无危
分布范围: 红海和亚丁湾

黄昏
日落时它们才开始活动，而在日间，它们长时间躲在鹿角珊瑚下。

在黄色蝴蝶鱼分布的地理区域内，只要有大量的珊瑚，就很容易觅得它们的身影。栖息深度为水下3~20米，总是成双成对或结成不超过20条的小群体。它们主要以珊瑚为食，也吃少量的海底无脊椎动物。鱼群数量庞大，也很稳定，目前我们尚不了解有什么能威胁它们的生存。然而，由于气候变化，全球的珊瑚礁在不断减少，对珊瑚的依赖性可能会使它们的生存状况变得脆弱。但目前尚无黄色蝴蝶鱼数量减少的记录。

它们的身体呈圆形，侧面较扁。通体鲜艳的黄色极大地吸引了水族养殖者。背鳍和臀鳍的边缘有两条细线。

引人注目
它们身体的中后部有纵向的金色条纹

Chaetodon auriga
扬幡蝴蝶鱼

体长: 23 厘米
体重: 无数据
保护状况: 无危
分布范围: 印度洋沿岸和太平洋西海岸

扬幡蝴蝶鱼栖息在各种珊瑚礁和岩石中，有时独居，有时和配偶一起生活，有时群居。扬幡蝴蝶鱼是杂食性鱼类，主要以浮游生物为食。它们的吻部细长，牙齿小且尖，方便它们捕食各种无脊椎动物。它们也可以用长吻搜寻并刮食珊瑚上的藻类。

逃脱
扬幡蝴蝶鱼动作迅速，鳍上长满硬棘，是很难捕捉的猎物

Chaetodon lunula
月斑蝴蝶鱼

体长: 20 厘米
体重: 无数据
保护状况: 无危
分布范围: 印度洋和太平洋沿岸

月斑蝴蝶鱼的体形高耸，侧扁。吻短，吻端长着一张小嘴，牙齿细长。它们必须依赖珊瑚礁和岩石生活，主要分布在珊瑚礁和岩石的边缘以及潟湖中。可以从水面下潜至30米深的地方。它们在夜间活动，一般总是成群结队地出现。是杂食性鱼类，既吃裸鳃亚目动物、附着型蠕虫和软体动物等无脊椎动物，也吃海底生物，如珊瑚和藻类。

Chelmon rostratus
钻嘴鱼

体长：20 厘米
体重：无数据
保护状况：无危
分布范围：印度洋东部和太平洋西部海域

独特
橙色的条纹和长长的颌是它们的特点。

优势
它们可以用又小又长的嘴捕食到难以获得的洞穴猎物。

钻嘴鱼是一种常见鱼类，一般生活在多岩石的岸边和珊瑚礁中。它们在河口、混浊的水域环境和多淤泥的底层水域中亦有分布。可以下潜至 25 米的深度。注重自己的领地，要么单独活动，要么成双成对地行动。它们的体形高耸、侧扁，通体呈银色，有四道粗细不一的纵向橙色条纹。背部有几根棘，在紧张时会竖立起来。在背部后侧有一个黑色斑点，与眼睛十分相似。钻嘴鱼的嘴很尖，可以从岩石间的洞穴中捕食无脊椎动物。尾鳍和胸鳍是透明的。它们实行一夫一妻制，在繁衍期配对，随后会延续很长时间。幼鱼的形态与成鱼十分相似。

威胁
它们是蝴蝶鱼中被水族养殖者捕捞最多的品种，好在它们的数量并未下降。

Heniochus chrysostomus
三带立旗鲷

体长：18 厘米
体重：无数据
保护状况：无危
分布范围：太平洋西部和印度洋东部海域

三带立旗鲷以白色为底，身体上有 3 道深棕色斜宽条纹。它们的名字来源于背部从背鳍延伸出的长纤维，长度可能超过体长。它们依赖珊瑚礁为生，生活在潮间带。可以下潜至 40 米的深度。幼鱼在富含水草的浅水区更为常见。三带立旗鲷多为独居，有时也会成双成对或成群结队。

Hemitaurichthys polylepis
多鳞霞蝶鱼

体长：18 厘米
体重：无数据
保护状况：无危
分布范围：太平洋西部和印度洋东部海域

多鳞霞蝶鱼总是几百条个体成群结队地活动，可能会绵延数米。它们依赖珊瑚礁生活，偏爱水流湍急的水域。它们身体上白色的鳞片形成了一个金字塔形，这是它们名字的起源，也让人们可以方便地辨识它们。多鳞霞蝶鱼身体的其余部分为黄色。主要以浮游生物为食。它们的数量很稳定，分布也很广泛。

Forcipiger flavissimus
黄镊口鱼

体长：22 厘米
体重：无数据
保护状况：无危
分布范围：印度洋和太平洋海域

黄镊口鱼生活在水流湍急尤其是浪峰处的礁石区中，一般会选择珊瑚增长迅速、多洞的区域。通常会与配偶相伴一生，但有时也会独居或小群体共同生活，在产卵时会聚集成一大群。鱼卵会随着水流漂流。它们以鱼卵、甲壳纲动物和步带足海星为食。

Coradion melanopus
双点少女鱼

体长：15 厘米
体重：无数据
保护状况：无危
分布范围：热带太平洋西部海域

双点少女鱼的底色为珍珠白，带有棕色条纹。它们身上有与众不同的两处斑点，一处大的在背鳍上，另一处稍小的在臀鳍上。栖息在沿岸礁石、池塘和开放水域中，可下潜至 50 米的深度。双点少女鱼生活在海绵生物充足的区域，且主要以海绵生物为食。它们一般独自生活，但会两两配对进行繁殖。

慈鲷

门:	脊索动物门
纲:	辐鳍鱼纲
目:	鲈形目
科:	慈鲷科
种:	1300

慈鲷在淡水和咸水中均有分布，大多生活在静水环境中，只有少量慈鲷能适应急流。它们身体稍扁，形态各异，为适应不同的饮食，口形也各有特色。一夫多妻制下的雌鱼将鱼卵和幼鱼含在口中以保护它们，而一夫一妻制下的雌鱼则将卵产在土壤中，由父母双方共同保护。也有一些品种综合采用两种保护鱼卵的方法。

Symphysodon aequifasciatus
黄棕盘丽鱼

体长: 20 厘米
体重: 无数据
保护状况: 未评估
分布范围: 亚马孙河流域

黄棕盘丽鱼的个体颜色、光泽、色调乃至体形都相差很大，最常见的是蓝绿色。所有黄棕盘丽鱼都有纵向条纹，只是有些条纹不明显。当黄棕盘丽鱼遇到某些刺激感觉紧张时，这些条纹的颜色就会加深。它们的眼睛呈深红色，栖息在安静的软水环境中，

这些水域 pH 值偏酸性，有着丰富的植被。它们等级森严，一条雄鱼领导着整个鱼群，可以优先选择领地和食物。以海洋无脊椎动物为食。

Boulengerochromis microlepis
小鳞鲍伦丽鱼

体长: 65 厘米
体重: 4.5 千克
保护状况: 无危
分布范围: 东非坦干伊克湖

小鳞鲍伦丽鱼生活在湖岸边靠近水面的水域，可以下潜至 100 米的深度。通常形成小鱼群，幼鱼是杂食性动物，而成年鱼则捕食其他鱼类。它们在湖岸边将卵产在其他慈鲷鱼废弃的洞穴中，如果没有这样的洞穴就在岩石或沙子中产卵。雌鱼产卵时，雄鱼离雌鱼 20~30 厘米处看护，然后再靠近雌鱼使鱼卵受精。人类的捕捞活动是小鳞鲍伦丽鱼面临的重大威胁。

Australoheros facetus
华美南丽鱼

体长: 30 厘米
体重: 无数据
保护状况: 未评估
分布范围: 乌拉圭、巴西南部和阿根廷东部

华美南丽鱼的身体高耸健壮，有15 根背棘。一个区分华美南丽鱼和其他类似物种的标志是其下颚比上颚长。身体的主色调为黄色、灰色和绿色，至少有 9 条纵向黑色条纹，在产卵期颜色会变得更深。雄鱼的体形更大，鳍棘更尖，颜色也更鲜艳。栖息在河流、湖泊和小溪中，能适应较低的水温。它们以碎屑、植物和小鱼为食。

Herichthys cyanoguttatus
青斑德州丽鱼

体长: 30 厘米
体重: 无数据
保护状况: 未评估
分布范围: 美国南部和墨西哥东北部

青斑德州丽鱼栖居在有少许植物、岩石和树干的静水河流和湖泊中。是杂食性动物，以蠕虫、甲壳纲动物、昆虫和植物为食。

在产卵期，它们原来灰色带蓝色斑点的身体会变色，后半部分变成黑色，前半部分变成白色。雌鱼在岩石或树干上产下 300 枚鱼卵，然后雄鱼使鱼卵受精。在接下来的48~72 个小时内，雄鱼负责看守周边，雌鱼则负责进行通风，直至幼鱼破卵而出。幼鱼一出生就能得到双亲的照料，如果某条幼鱼不慎游离群体，父母也会用嘴把它带回到其他幼鱼身边。

Cyphotilapia frontosa
横带驼背非鲫

体长：33 厘米
体重：无数据
保护状况：无危
分布范围：东非坦干伊克湖

横带驼背非鲫喜群居，栖息深度为水下 60~120 米。一个鱼群中数量可能多达上千尾，绵延 40 米。它们在全湖巡游，最喜爱多岩石的区域。随着栖息深度的增加，它们的体形也越来越大。体形修长而高耸，鱼鳍发育得非常完善。最重要的特征是前额突出，随着年龄的增长，体形也越来越大。一张大嘴向前突出，牙齿又细又尖。主要以其他鱼类和无脊椎动物为食。到了繁殖期，雄鱼先将精子置于底土层上，再由雌鱼产下卵子。雌

鱼将受精卵含在嘴里，在口腔中用一个月的时间孵出小鱼。最先出生的小鱼吃的是母亲消化后的残渣。

蓝色条纹
横带驼背非鲫的颜色多变，这取决于它们的地理分布。蓝色条纹是所有变种的共同特征。

Cleithracara maronii
马氏棒丽鱼

体长：15 厘米
体重：无数据
保护状况：未评估
分布范围：南美洲北部奥里诺科河流域

马氏棒丽鱼栖居在清澈、平静的水域中。它们的饮食结构主要由小型甲壳纲动物和昆虫的幼虫构成。身体呈浅灰色，两侧都有钥匙孔状的斑点。它们先清理岩石，然后在上面产卵。

Apistogramma nijsseni
尼氏隐带丽鱼

体长：3.9 厘米
体重：无数据
保护状况：未评估
分布范围：秘鲁的乌卡亚利河（亚马孙河流域）

尼氏隐带丽鱼的雄鱼身体呈蓝色，腹部呈黄色；雌鱼身体呈黄色，有 3 处黑色斑点：第一处在腹前的颌上，第二处在鳃盖骨上，第三处在尾鳍的基部。体色在产卵期会加深。尾鳍呈圆形，外缘为红色。栖居在水流平缓的水域，水底通常有大量树枝和树干，既可作为庇护所又可借以产卵。由雌鱼负责保护鱼卵。幼鱼的性别取决于水温，其中大多数为雄鱼。父母会共同照看幼鱼。

Paratilapia polleni
波伦副非鲫

体长：28 厘米
体重：无数据
保护状况：易危
分布范围：马达加斯加

波伦副非鲫的体形侧扁，呈黑色，身上有彩虹色的斑点，眼睛呈亮黄色。雄鱼的胸鳍很长。雌鱼的体形一般只有雄鱼的一半，鳍均呈圆形。在一个水族箱中，领头雄鱼的颜色更深，为了突显其与众不同。栖居在河流与湖泊中，有时会捕食其他小鱼。是杂食性鱼类。现在，森林砍伐导致它们的栖息地被破坏，其数量在不断减少，成鱼非常罕见。

Tilapia mariae
点非鲫

体长：39 厘米
体重：1.3 千克
保护状况：无危
分布范围：贝宁、喀麦隆、科特迪瓦、加纳、几内亚比绍和尼日利亚

点非鲫栖居在靠近河口的河流或湖泊中，咸水或淡水均可。既能适应平缓水流又能适应湍急的河流。主要以植物为食。到了繁殖期，成鱼会在树干或树叶上搭好巢，雌鱼产卵后就与雄鱼一起照看鱼卵。1~3 天后，小鱼孵出，雌鱼和雄鱼还会继续照料它们，直到它们长到 3 厘米左右。成年鱼有两种体色，一种通体全黑，另一种主要是黄色，但背部泛绿，且体侧有一块黑色斑点。

雀鲷

门：	脊索动物门
纲：	辐鳍鱼纲
目：	鲈形目
科：	雀鲷科
种：	**335**

它们体态娇小、颜色鲜艳，广泛分布在全球热带礁石水域中。以水草和小型无脊椎动物为食。雀鲷科鱼类为定栖类动物，领地意识强，很有攻击性。一些鱼种依赖珊瑚或海葵提供保护，另一些则在离开水底时成群结队地行动。

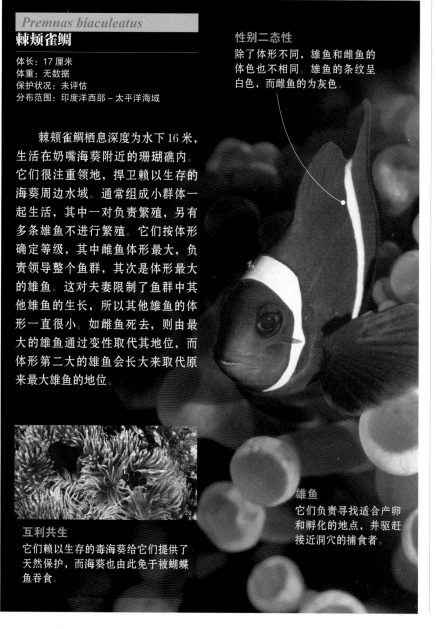

Premnas biaculeatus
棘颊雀鲷

体长：17 厘米
体重：无数据
保护状况：未评估
分布范围：印度洋西部 - 太平洋海域

棘颊雀鲷栖息深度为水下 16 米，生活在奶嘴海葵附近的珊瑚礁内。它们很注重领地，捍卫赖以生存的海葵周边水域。通常组成小群体一起生活，其中一对负责繁殖，另有多条雄鱼不进行繁殖。它们按体形确定等级，其中雌鱼体形最大，负责领导整个鱼群，其次是体形最大的雄鱼。这对夫妻限制了鱼群中其他雄鱼的生长，所以其他雄鱼的体形一直很小。如雌鱼死去，则由最大的雄鱼通过变性取代其地位，而体形第二大的雄鱼会长大来取代原来最大雄鱼的地位。

性别二态性
除了体形不同，雄鱼和雌鱼的体色也不相同。雄鱼的条纹呈白色，而雌鱼的为灰色。

雄鱼
它们负责寻找适合产卵和孵化的地点，并驱赶接近洞穴的捕食者。

互利共生
它们赖以生存的毒海葵给它们提供了天然保护，而海葵也由此免于被蝴蝶鱼吞食。

Amphiprion perideraion
颈环双锯鱼

体长：10 厘米
体重：无数据
保护状况：未评估
分布范围：太平洋西部和印度洋东部海域

颈环双锯鱼栖居在平均温度 2 摄氏度的海水或咸水珊瑚礁附近，可下潜到 38 米的深度。它们生活在 4 种不同的海葵中，每只海葵中通常生活着一对成年鱼和几条幼鱼。它们捍卫自己的领地，是杂食性动物，会吸食浮游动物和水藻。

Acanthochromis polyacanthus
多刺棘光鳃鲷

体长：14 厘米
体重：无数据
保护状况：未评估
分布范围：太平洋西部海域

多刺棘光鳃鲷生活在长满珊瑚礁的热带海洋。它们体色多变，有的通体呈黑色或灰色，有的颜色则半浅半深。鱼实行一夫一妻制，在繁殖期特别注意捍卫领地。在达到性成熟前，幼鱼形鱼群共同生活。

Dascyllus aruanus
宅泥鱼
体长：10 厘米
体重：无数据
保护状况：未评估
分布范围：印度洋和太平洋海域

宅泥鱼依赖礁石生活，很注重捍卫自己的领地。可以下潜至 1~20 米的深度。宅泥鱼群通常由 30 多条构成，将珊瑚丛当作庇护所。一旦

感觉受到威胁，它们就会藏身于珊瑚间，行动迅速，跟随珊瑚运动。

它们主要以浮游生物、鱼卵、带垢的藻类和海底无脊椎动物为食。雄鱼负责在珊瑚基底挑选并保护洞穴。它们在洞穴里盘旋，再去邀请鱼群中的雌鱼前来产卵，像是跳一段双人舞。它们护送每只雌鱼到达洞穴，然后在旁边监护直至小鱼孵出，在此期间如有其他鱼接近，雄鱼会毫不客气地将它们赶走。

颜色
它们身体呈白色，有3条纵向黑条纹，双眼之间有一块棕色斑点。

保护
它们依赖鹿角珊瑚或杯形珊瑚的保护而生活。

一夫多妻制
一个鱼群由一条雄鱼和多条雌鱼组成，根据体形大小决定等级。

Dascyllus melanurus
黑尾宅泥鱼
体长：8 厘米
体重：无数据
保护状况：未评估
分布范围：太平洋西部海域

黑尾宅泥鱼一般由 20~30 条鱼构成一个鱼群，依附珊瑚礁生活，多生活在受保护的潟湖和安静的水域中。它们主要以浮游生物为食，其中包括介形亚纲动物、端足目动物、桡足亚纲动物、被囊类动物、幼小的甲壳纲动物、鱼卵和藻类。白色的身体上分布着黑色的条纹。黑色的尾巴可以与其他品种的宅泥鱼区分开来。与其他亲缘种一样，它们经常被水族爱好者捕捞并买卖。

Chromis viridis
蓝绿光鳃鱼
体长：8 厘米
体重：无数据
保护状况：未评估
分布范围：印度洋和太平洋海域

蓝绿光鳃鱼通常栖居在热带和亚热带海域，栖息深度为 10~12 米。它们成群结队，生活在枝状珊瑚附近，主要以浮游植物为食。它们通体呈鲜艳的蓝绿色，将鱼卵产在沙石或多岩石水底。雄鱼会准备好洞穴，请多条雌鱼在这里产卵，雄鱼则一直在旁边看守，鱼卵会在 2~3 天后孵化。在孵化过程中，雄鱼会变成黄色，然后再变成黑色。

Chromis cyanea
青光鳃鱼
体长：15 厘米
体重：无数据
保护状况：无危
分布范围：加勒比海海域

青光鳃鱼的颜色鲜艳、数量充足，一般栖居在 3~5 米深的水域中，但也可下潜至 60 米深。它们维护自己在海底附近礁石中的领地，但一般不去水面附近捕食浮游动物。饮食结构主要由桡足亚纲动物构成。

保护状况
多种因素在破坏加勒比海的礁石，其中包括各种人类活动引发的气候变化和礁石退化

通常独来独往，但偶尔也会形成小鱼群，当它们感觉受到威胁时会躲进珊瑚缝中。幼鱼通常生活在水底，以避免遇到捕食者。雄鱼通常与多条雌鱼进行繁殖。

鲜艳的身体
呈金属蓝色，背部和鱼鳍的外边缘为黑色。

尾巴
其尾鳍呈叉形，有两片细长的裂片。

Abudefduf vaigiensis
条纹豆娘鱼

体长：20 厘米
体重：138 克
保护状况：未评估
分布范围：印度洋和太平洋海域

条纹豆娘鱼栖居在热带和亚热带海域的珊瑚礁和岩石附近，可以下潜至 15 米深。它们的饮食结构由浮游生物、海底藻类和小型无脊椎动物构成。条纹豆娘鱼在产卵地和觅食地间进行跨洋迁徙。其身体呈白色，背部为黄色，有 5 条黑色的纵向条纹，至腹部逐渐消失。在发情期，它们会由白变蓝。条纹豆娘鱼通常在产卵地形成较大的鱼群，鱼卵粘在底土层，由雄鱼进行保护和通风。刚出生的鱼苗为深海浮游生物，它们随波逐流，慢慢远离海岸。幼鱼通常以漂浮的水草为食。

希瓜特拉病
患希瓜特拉病可能是由于食用了某种藻类而摄入了毒素，如人类食用了患有希瓜特拉病的条纹豆娘鱼，也可能会中毒。

悬浮
大大小小的条纹豆娘鱼经常成群悬浮在珊瑚礁上方。

颜色
它们的腹部呈白色，背部呈黄色，有5条黑色纵向条纹。

Stegastes planifrons
漫游眶锯雀鲷

体长：13 厘米
体重：无数据
保护状况：未评估
分布范围：大西洋西海岸海域
（从美国南部至巴西南部）

漫游眶锯雀鲷生活在礁石附近藻类丛生的水域，主要以藻类为食，但也吃桡足亚纲动物、腹足动物、海绵、多毛虫、蜕体和软体动物的卵。在生长过程中体色会改变：幼鱼身体呈亮黄色，背鳍基部和尾柄处有黑色的斑点。成年鱼则呈深棕褐色。

Stegastes arcifrons
箱形眶锯雀鲷

体长：13 厘米
体重：无数据
保护状况：无危
分布范围：厄瓜多尔沿岸、哥伦比亚、哥斯达黎加、科隆群岛、麻玻罗岛、可可岛和普拉塔岛

虽然箱形眶锯雀鲷的分布范围很小，但数量庞大，还未出现任何受到威胁的迹象。它们生活在 20 米深的珊瑚礁和岩石周边水域。是杂食性鱼类，以藻类和无脊椎动物（管栖蠕虫、小型甲壳纲动物和海葵）为食。它们的鱼卵在水底发育，幼鱼有很长时间都生活在水底。分布在不同地理位置的箱形眶锯雀鲷颜色也各不相同，一般身体为棕色，而尾鳍和后半身呈鲜艳的黄色。

Abudefduf saxatilis
岩豆娘鱼

体长：23 厘米
体重：200 克
保护状况：未评估
分布范围：大西洋东海岸、西海岸的热带和亚热带海域

岩豆娘鱼生活在热带和亚热带的礁石附近水域。通常数百条聚成一群，在较浅的水域里觅食。它们以藻类、软体动物幼虫、小型甲壳纲动物、海洋被囊类动物和鱼类为食。幼鱼经常与其他刺尾鱼一起，形成海龟"清洁站"的一部分。它们以海龟身上的水藻、外寄生物和体屑为食。到了产卵期，雄鱼会事先选择产卵地点，并在清晨热烈地追求雌鱼进行交配。鱼卵附着在底土层上，在孵化前均由雄鱼小心照料。

颜色
背部呈黄色，有5~6条纵向黑色条纹，且在胸鳍基部有一处黑色斑点。

颌
两面各有一吻，可以以此与蝴蝶鱼区分。

Pomacentrus pavo
孔雀雀鲷

体长：8.5 厘米
体重：无数据
保护状况：未评估
分布范围：印度洋和太平洋海域

鲜艳的蓝色。它们有一片背鳍，有些孔雀雀鲷的背鳍完全为蓝色，而有些鱼背鳍后半部则变成黄色。尾鳍为黄色，幼鱼尾鳍的颜色格外鲜艳。

孔雀雀鲷栖居在水温为 25~29 摄氏度之间的热带海域，依靠珊瑚礁为生，生活在封闭的多沙区域或有老珊瑚残骸的区域。可以下潜至 16 米的深度。孔雀雀鲷主要以浮游生物和细丝状的藻类为食。它们形成大大小小的鱼群，常在珊瑚礁周围出没，在八射珊瑚的露头处尤为多见。它们全身覆盖着鳞片，颜色也可从金属绿变成

水族爱好者
雀鲷科的鱼特别受到水族爱好者的青睐，经常被捕捞用于贸易。

辨识
在眼睛和脊背后的鱼鳃开口处有一处暗色斑点。

Chrysiptera cyanea
圆尾金翅雀鲷

体长：8.5 厘米
体重：无数据
保护状况：未评估
分布范围：太平洋西部和印度洋东海岸

圆尾金翅雀鲷生活在热带和亚热带多礁石水域中，可下潜至 10 米的深度。主要以水藻、深海被囊类动物和桡足类动物为食。通常由一条雄鱼、几条雌鱼和幼鱼构成一个鱼群。鱼身呈金属蓝色，雌鱼背鳍基部有一处黑色圆点，雄鱼的嘴和尾鳍为亮黄色。

Chrysiptera springeri
斯氏金翅雀鲷

体长：5.5 厘米
体重：无数据
保护状况：未评估
分布范围：太平洋西部海域

斯氏金翅雀鲷生活在热带海域的礁石周边，通常与青光鳃鱼成群出没，甚至会共同生活在同一珊瑚丛中。它们通常栖居在沙底鹿角珊瑚的底层。分布在不同地理位置中的斯氏金翅雀鲷颜色也各不相同，身上分布着不均匀的亮蓝色和黑色色块。它们的尾鳍非常透明，遇到危险时会完全变黑。

Pomacentrus vaiuli
王子雀鲷

体长：10 厘米
体重：无数据
保护状况：未评估
分布范围：太平洋西部和印度洋东海岸

王子雀鲷通常独自生活，领地意识很强。它们生活在温度为 24~29 摄氏度之间的热带海域，依靠珊瑚礁为生，其中有的是正在生长的珊瑚，有的则是老珊瑚的残骸。王子雀鲷在

远离岸边的海域也有分布，能下潜至 45 米的深度。在选择栖息地时比较偏爱鹿角珊瑚。

王子雀鲷是杂食性鱼类，既吃细丝状的水藻，也吃各种小型软体动物。栖息在不同地理位置中的王子雀鲷体色也各不相同，色调从棕褐色到深紫色或深蓝色应有尽有，其中一些王子雀鲷的背部呈黄色。

斑点
在背鳍的末端有一处边缘颜色鲜艳的黑色斑点

胸鳍
胸鳍的位置很高，一般呈半透明的黄色。

触须之间

　　它们的体色和行为完美地体现了其名称的隐喻。由于电影宣传，有几百万人想要把小丑鱼作为宠物。野生的小丑鱼需要靠海葵为生，尽管海葵有毒，甚至有致命的毒触须。小丑鱼和海葵之间形成了奇特的互利共生关系，小丑鱼在海葵中觅食、繁衍、抵御外敌侵入。

2003 年奥斯卡最佳动画片奖授予了皮克斯公司的《海底总动员》，其主角就是一条被人类捕捞后、关在鱼缸里的小丑鱼。虽然这部电影的初衷是呼吁人们保护小丑鱼和海洋生态环境，但自从这部动画片上映以来，人们开始狂热地购买小丑鱼作为宠物。每年都有几十万条小丑鱼被出售，这种失控的狂热让野生小丑鱼的数量受到了影响。如此深远的影响不仅因为小丑鱼是电影的主角，还因为它们动作灵活、颜色鲜艳。它们因近似夸张的妆容而得名。然而，小丑鱼面临的最大威胁源自不太明显的间接影响：珊瑚礁及其所庇护的海葵的消失。海葵状似植物，实则是一种食肉动物，它们的触手上有致痒和麻痹的毒素，可捉住一切接触它们的动物再用嘴吞食。它们甚至能吞食体形较大的鱼类。它们的酶在细腰部位通过咽门能将大鱼消化。从附近经过的生物，只要不是奄奄一息或心不在焉，都知道要避开海葵。只有小丑鱼热情地照看并保卫海葵。小丑鱼除了帮海葵驱赶蝴蝶鱼和海龟（它们对海葵的毒素免疫，而且会切断海葵触手的端点）外，还会帮海葵清除寄生虫、堆积的废物和死皮，甚至还能作为诱饵帮海葵吸引潜在的猎物。海葵接受了这样的照看和维护，触手顶端自然会释放有毒物质来保护小丑鱼。小丑鱼用种种服务换来了会放毒的海葵的保护。

这种两个不同物种之间的关系被称为共生关系。在大自然这种非同寻常的关系中，一个机体会受益于另一个机体。更不同寻常的是（这种异常的原因鲜有人知），在这种关系中，两个物种会为彼此提供服务，海葵和小丑鱼之间的关系就是非常典型的共生关系。

如果小丑鱼会被海葵刺伤，这种共生关系就不复存在了。但我们仍不清楚，小丑鱼在这种机制中是如何避免被刺伤的。似乎小丑鱼的身体会分泌一种黏性物质，让海葵那稍有摩擦就会释放出麻痹性物质的细胞的作用失效。然而，为了对这种毒素免疫，需要慢慢进行接触，即跳起摩擦之舞，越来越亲近，直至几小时后完全进入触手。

▶ 关于血统
雄鱼通常会照看巢穴，里面一般放着1000 枚左右的鱼卵；雄鱼用鱼鳍给它们通风、移除废物并驱赶可能的入侵者。

▶ **权力关系**
生活在海葵上的小丑鱼群的等级制度是由大到小确定的，总有一条雌鱼领导整个鱼群。

　　小丑鱼通常栖居在安静的浅水洞穴或热带太平洋礁石周边海域，与海葵共生，它们很少离开原生环境，最多只会离开几厘米。稍有不慎，就会被埋伏在珊瑚后的天敌吞入腹中。这种共生关系非常紧密，以致如果初生的小鱼不赶紧找到共生的海葵，几天后就会死亡。为了生活在这狭小的空间内，小丑鱼不得不改变它们的行为习惯，这样才能抵御海洋中各种威胁。这就是为什么小丑鱼有如此森严的等级制度。鱼群中体形最大的是一条雌鱼，体形最大的雄鱼必须臣服于这条雌鱼，鱼群中的其他鱼体形更小，且不具备生育功能。如雌鱼死亡，则体形最大的雄鱼变性为雌鱼，而体形次大的雄鱼则继而具备雄鱼的生育功能。上述等级制度可以更好地利用海葵内的空间：体形小、体质弱的鱼分布在较为暴露的区域。如果体形最大的雄鱼不听话，那么雌鱼会用锋利的鱼鳍用力戳到它听话为止。

　　《海底总动员》的视角十分宽广，不仅让小丑鱼大受观众们的欢迎，甚至让人们更深刻地认识到海洋生态环境及其功能。海葵和小丑鱼之间的紧密关系还延伸到受威胁的珊瑚礁身上，这就是生态网的典型代表，是我们必须要守护的。

隆头鱼

门:	脊索动物门
纲:	辐鳍鱼纲
目:	鲈形目
科:	隆头鱼科
种:	**500**

它们只生活在海洋中,大小、形态和颜色各异。有能前伸的嘴,可以通过刨开沙底捕食小型无脊椎动物,也有属于草食性鱼类的品种,或者以大型鱼类身外的寄生虫为食的品种。在生长过程中,通常会改变性别和颜色。

Cheilinus undulatus
曲纹唇鱼

体长: 1 米
体重: 150 千克
保护状况: 濒危
分布范围: 印度洋 – 太平洋和红海海域

曲纹唇鱼是现存最大的隆头鱼。成年的曲纹唇鱼额头上有突起,嘴唇肥厚。雌鱼的体态更为优美,前额光滑,体色也更绿。栖居在陡峭的斜坡外礁周围水域,一般独居或成双成对地生活。它们在海底也有栖息地,日间它们一般在水面附近活动,夜间就在珊瑚洞或突出的洞穴中休息,栖息深度可达 100 米。由于有强有力的嘴和咽齿,它们主要以软体动物、鱼类、海洋刺海胆、甲壳纲动物和其他无脊椎动物为食。由于它们的上颌骨非常灵活,所以曲纹唇鱼的嘴可以大幅度前伸。它们还捕食有毒动物,如海蛞蝓、箱鲀(箱鲀科)和海星。

曲纹唇鱼为雌雄同体鱼类,且雌性先成熟,约 15 岁时,雌鱼会变性为雄鱼。它们采取体外受精的方式,到了产卵期(一般取决于月相和海洋潮汐)就成群聚集在外礁区。它们的寿命可达 30 年。

保护状况
捕捞和栖息环境的改变使曲纹唇鱼处于危险的境地。由于它们很难在人工环境下产卵,所以人们一般捕捞不具备繁殖功能的幼鱼,出售给世界各地的水族爱好者。

颜色
成年雄鱼的色调一般偏蓝,而幼鱼的体色则偏绿。

Cheilinus fasciatus
横带唇鱼

体长: 40 厘米
体重: 无数据
保护状况: 无危
分布范围: 红海和印度洋 – 太平洋海域

横带唇鱼栖居在潟湖和海洋珊瑚礁周边水域,栖息地一般既有珊瑚又有沙子。它们不停地游动,用灵活的双眼搜寻猎物。主要以有硬壳的无脊椎动物为食,如软体动物、甲壳纲动物和海底刺海胆等。它们的领地意识很强,有时是为了与同类或其他鱼类争夺食物,有时是为了自我保护。虽然它们体形娇小、颜色鲜艳,但维护领地的特性使其不适合生活在水族箱内,这也使它们免于被水族爱好者买卖。

Xyrichtys splendens
闪光连鳍唇鱼

体长: 17 厘米
体重: 无数据
保护状况: 无危
分布范围: 大西洋西部和加勒比海
(从百慕大群岛和美国南部至巴西)

闪光连鳍唇鱼体形较扁,鱼吻细长,它们的解剖学特征可使其快速进入沙堆或逃离危险。雄鱼为绿色,每片鳞片上均有一道蓝线,身体两侧各有一个黑色斑点。雌鱼和幼鱼则为橙色。栖居在温暖水域,在长满水藻的礁石浅滩中尤为常见。

Bodianus diplotaenia
带纹普提鱼

体长：75 厘米
体重：9 千克
保护状况：无危
分布范围：太平洋（从加利福尼亚湾至智利湾）

带纹普提鱼通常在浅水珊瑚礁周围活动，但也可下潜至76米的深度。栖居在多岩石或多珊瑚的水域。它们一般独居，但有时也会形成小鱼群。与其他隆头鱼一样，它们只在白天活动，晚上则在岩石的缝隙或槽沟里睡觉。一些带纹普提鱼在睡觉时会分泌黏性物质，像茧一样将自己包裹起来。它们身体侧扁，头大嘴尖。上下颚中都有向内弯曲的尖齿。它们主要以硬壳动物、甲壳纲动物、软体动物、刺海胆和小型鱼类为食。在第一对鳃弓中形成了"筛子"，可以过滤较硬的食物残渣；这样较硬的残渣无法经过鱼鳃，它们也就不会因此受到伤害。一些幼鱼会成为大鱼的寄生清洁者。

雌鱼
一般身体呈现红色，有一道黄色的竖条纹。

Bodianus rufus
红普提鱼

体长：40 厘米
体重：1 千克
保护状况：无危
分布范围：大西洋西部和加勒比海（从百慕大群岛和美国南部至巴西）

红普提鱼栖居在光线较好的浅水礁石或珊瑚礁周围。它们的前额、身体上部背鳍以前的区域呈蓝色。幼鱼一般以大鱼身上的外部寄生虫为食，成鱼则以海星、甲壳纲动物、软体动物和刺海胆为食。一个鱼群一般由一条雄鱼和多条雌鱼构成。

Achoerodus gouldii
古氏蓝唇鱼

体长：175 厘米
体重：140 千克
保护状况：易危
分布范围：澳大利亚以南的印度洋海域

古氏蓝唇鱼栖居在大陆架多礁石的水域中，以小螃蟹、鱼类、软体动物和海星为食。它们是雌雄同体生物，且雌性先成熟：雌鱼17岁时达到性成熟，此时体长约为65厘米，35岁时开始变性，此时体长约为80厘米，变性的同时体色也会改变。它们一般在冬季产卵。由于商业捕捞和游钓，原先数量充足的雄鱼如今也面临着灭绝的危险。在过去30年中，古氏蓝唇鱼的数量下降了30%。

Choerodon fasciatus
横带猪齿鱼

体长：30 厘米
体重：140 克
保护状况：无危
分布范围：太平洋西部海域

横带猪齿鱼栖居在珊瑚礁周围。幼鱼生活在陡峭的珊瑚壁上。它们很注重捍卫自己的领地，栖息范围自水面至35米深处。它们在有光时活动，咬食珊瑚或在水底游动着觅食，夜间则在礁石洞穴中休息。横带猪齿鱼通常实行一夫一妻制，有时一条雄鱼也会与多条雌鱼同时出现，但每次只会带着一条雌鱼围着珊瑚礁绕圈。

人们捕捞横带猪齿鱼是为了出售给水族爱好者，这可能会使某些区域的横带猪齿鱼面临生存危机。

身上的条纹
它们身上有7~8条红色、蓝色、白色和黑色的纵向条纹。

尖牙
它们的俗名来源于上颚中蓝色的牙齿。

Halichoeres hortulanus
方斑海猪鱼

体长：27 厘米
体重：160 克
保护状况：无危
分布范围：印度洋 – 太平洋和红海海域

方斑海猪鱼幼鱼呈拟态色，凭借其白色、橙色的条纹和黄色的尾巴，可混迹于多珊瑚和沙子的海底。它们的背鳍上通常有斑点。幼鱼慢慢改变颜色，逐渐与成鱼的体态接近。栖居在潟湖和海洋礁石沙地或礁石坡面附近，可从水面下潜至 30 米的深处。幼鱼藏身于洞穴中。主要以硬壳动物、软体动物、甲壳纲动物和刺海胆为食。

它们用上下颌的犬齿刨出猎物，再用咽齿压碎双壳动物的壳，然后享用美味的肉。

成鱼
有一两个黄色的"鞍背"，有的上面还有蓝色斑点。

面部
有黄色和绿松石色的横向条纹，从面部的边缘处延伸至鳃盖骨。

Labrus mixtus
红纹隆头鱼

体长：40 厘米
体重：210 克
保护状况：无危
分布范围：大西洋东部和地中海海域

红纹隆头鱼生活在岸边多水草的岩石底水域，成年鱼栖息深度为 50 米。雌鱼的体形相对较小，且呈纺锤形，颜色为浅棕色偏红。当雌鱼长到约 7 个月时就会变性。雄鱼身上会出现蓝绿色的横向波浪形条纹，从头延伸至尾。雄鱼会在水藻间筑巢，吸引伴侣前来交配。雌鱼则会在这里产下约 1000 枚鱼卵。它们以甲壳纲动物、鱼、软体动物和蠕虫为食。

Iniistius pavo
孔雀颈鳍鱼

体长：40 厘米
体重：160 克
保护状况：无危
分布范围：大西洋西部海域

孔雀颈鳍鱼身形高耸，侧扁，口吻轮廓在眼下方呈陡直状。它们的嘴很小，在颚的前方有一对长而锐利的尖齿。它们身体呈白色、浅灰色或黄色，有 4 条深色纵向条纹，在胸鳍上方还有一处黑色斑点。生活在多沙的海底，方便它们藏匿在沙子中。以软体动物、虾和螃蟹为食。

Stethojulis bandanensis
黑星紫胸鱼

体长：40 厘米
体重：170 克
保护状况：无危
分布范围：印度洋 – 太平洋海域

黑星紫胸鱼栖居在潟湖或 30 米深的礁石附近海域。胸鳍上方有一处显眼的红点，只有雄鱼身上有一道绿松石色的线条，横向穿过整个身体。雌鱼全身呈蓝灰色，两侧和上半身有白色斑点。它们以浮游的甲壳纲动物和海底无脊椎动物为食。

Macropharyngodon geoffroy
杰弗罗大咽齿鲷

体长：15 厘米
体重：100 克
保护状况：无危
分布范围：太平洋海域

杰弗罗大咽齿鲷通体呈橙色，布满蓝色小斑点。臀鳍和背鳍均很长，几乎能延伸至尾基部。幼鱼的外形很像刺海胆，背鳍和臀鳍的末端有斑点，让捕食者无法区分其头尾。栖居在沙质海底的礁石附近。

Novaculichthys taeniourus
花尾美鳍鱼

体长：30 厘米
体重：190 克
保护状况：无危
分布范围：印度洋 – 太平洋和红海海域

不同的鱼群
生活在夏威夷海岸的幼鱼通常为绿色；在太平洋西部的幼鱼色调则偏棕。

花尾美鳍鱼身体侧扁，头呈楔形，终结于一点。它们用尖头刨开海底的沙，抵御潜在的危险，以便在夜间安然入眠。它们身上几乎没有鱼鳞，只有鱼鳃基部上方有两片大鳞，两眼后方也各有一排小鳞。它们生活在 14~36 米深的热带珊瑚礁水域，总是依赖多沙海底、礁石、绿色区域为生。幼鱼一般生活在岩石或海藻之间，利用拟态保护自己，甚至能模仿一片随波逐流的枯叶或水藻。成鱼的领地意识很强，尤其是在交配期。它们以海底的动物（有的一半埋在海底）为食：

成鱼
呈棕褐色而偏绿，身上的斑点有利于伪装

软体动物、棘皮动物、多毛虫和螃蟹。为了找到这些猎物，花尾美鳍鱼不得不挪开石块和珊瑚碎片。有时它们会聚成小群体，其中一条负责监视猎物，其他伙伴则快速将其吃掉。

Oxycheilinus digrammus
双线尖唇鱼

体长：40 厘米
体重：200 克
保护状况：无危
分布范围：印度洋 – 太平洋和红海海域

双线尖唇鱼栖居在受保护的珊瑚礁潟湖，那里长满珊瑚和水草，深度在 3~50 米之间。幼鱼一般依赖软珊瑚或腔肠动物为生，这些动物能保证它们安全。以硬壳软体动物、甲壳纲动物和刺海胆为食。它们通常与大型海绯鲤一起行动，甚至连颜色也变得与之接近，直到潜伏至猎物附近再一举拿下。它们的领地意识很强，很注意防范同类或可能会与它们争夺食物的其他物种。

Thalassoma bifasciatum
双带锦鱼

体长：25 厘米
体重：120 克
保护状况：无危
分布范围：大西洋西部和加勒比海海域

双带锦鱼的体色会经历 3 个变化阶段：幼鱼期身体呈白色，两侧和背部各有一道黑色的纵向条纹。在成鱼的第一阶段为雌性，身体为黄色，腹部为白色。随后变性为雄性，头部为蓝色，身体中央有两道黑色条纹和一道白色条纹，腹部呈蓝绿色。当鱼群中的雄鱼死亡，则体形最大的雌鱼会改变体色并增长 8 厘米变为雄性。

Semicossyphus pulcher
美丽突额隆头鱼

体长：90 厘米
体重：16 千克
保护状况：易危
分布范围：太平洋东部海域

美丽突额隆头鱼栖居在长满海藻的礁石周围，最多可下潜至 100 米深。它们一般只在自己的领地活动，并且会激烈地对抗潜在的竞争者。美丽突

额隆头鱼主要用前牙捕食带硬壳的猎物，如贻贝、螃蟹、龙虾和刺海胆，它们的存在对于调整这些生物的分布密度至关重要。到了夏季，雌鱼会产下 5000 枚鱼卵漂浮在海洋中。和大多数隆头鱼一样，它们达到性成熟时为雌性，死亡时为雄性。随着分布不同，性成熟和变性的年龄也各不相同。

鳍
为奇数，有长的突起

雄性特征
鳃盖骨和胸鳍之前的头部为黑色，只有下颌骨例外。

颜色
背部和背鳍基部为红色；胸部为白色且偏粉红

鹦嘴鱼

| 门：脊索动物门 |
| 纲：辐鳍鱼纲 |
| 目：鲈形目 |
| 科：鹦嘴鱼科 |
| 种：83 |

鹦嘴鱼的一排小牙使它们的嘴与鹦鹉的喙极为相像，因而得名鹦嘴鱼。它们生活在大西洋、印度洋和太平洋的珊瑚礁中，以附着在岩石或死珊瑚上的水底海藻为食。鹦嘴鱼在生命过程中会变性，可据此将其一生划分为初始阶段和最终阶段。

Scarus schlegeli
史氏鹦哥鱼

体长：30~40 厘米
体重：无数据
保护状况：无危
分布范围：太平洋西部海域

史氏鹦哥鱼栖居在有很多活珊瑚生长的礁石周边水域或潟湖中，以水藻为食。幼鱼可能会与其他鱼类形成鱼群，雌鱼也会成群结队地觅食，而雄鱼则有很强的领地意识，喜欢独来独往。雌鱼的颜色并不引人注目，有5~6条纵向条纹贯穿全身；雄鱼的暗蓝体色则非常显眼，侧面有一道黄色的条纹。在生命的第一阶段，史氏鹦哥鱼的嘴吻周围会出现深绿色斑点，这将一直持续至死亡。它们有9根背棘和10根软鳍条，鳞片很大，嘴唇一般能盖住齿斑。史氏鹦哥鱼在初始阶段还没有尖齿，处于最终阶段的雄鱼上颚有1颗尖齿，下颚则有2颗。它们一般生活在22~28摄氏度的水中。

突出的斑点
斑点呈黄色，仅在雄鱼身上出现。

Scarus prasiognathos
缘颌鹦嘴鱼

体长：70 厘米
体重：无数据
保护状况：无危
分布范围：马尔代夫、巴布亚新几内亚、菲律宾和帕劳

缘颌鹦嘴鱼的身体和胸鳍为灰色或棕色，尾巴、背鳍和臀鳍则为天蓝色，且带有黄色条纹。头的上半部分为黄色，下半部分为蓝色，嘴周有黄色斑点。在其生长发育过程中，体色会发生显著变化。在幼鱼阶段，缘颌鹦嘴鱼的颜色与同属的高翅鹦嘴鱼类似。缘颌鹦嘴鱼的鳞片很大，有9根背棘和10根软鳍条。栖居在珊瑚礁边缘，一般无法下潜至15米以下深度。通常由100多条个体组成鱼群活动。实行一夫多妻制，雄鱼负责筑巢。

Calotomus japonicus
圆尾绚鹦嘴鱼

体长：39 厘米
体重：无数据
保护状况：无危
分布范围：日本沿岸及附近大陆架

与同属的其他鱼类一样，圆尾绚鹦嘴鱼也是凭借其比较暗淡的体色与其他鹦嘴鱼区分开来的。它们在海藻之间生活，但也能栖息在珊瑚礁周边。圆尾绚鹦嘴鱼是食藻类动物，一般生活在水温22~26摄氏度之间的亚热带海域中。它们通身呈棕红色，黄色的虹膜显得格外惹眼。不像其他鹦嘴鱼那样会改变臀鳍的形态，圆尾绚鹦嘴鱼的臀鳍终身为圆形。

Bolbometopon muricatum
隆头鹦哥鱼

体长：1.30 米
体重：46 千克
保护状况：易危
分布范围：红海和太平洋东部海域

隆头鹦哥鱼几乎通体有鳞片覆盖，只有前额部分除外。身体的颜色会从浅绿色变为粉红色。在第一阶段，它们的体色呈暗灰色，有零星的白色斑点，然后渐渐变成深绿色。成鱼的前额突出，个头很大。牙板外露，只有部分能被嘴唇遮住。它们的生长速度很慢，所以寿命可长达 40 年。喜

前额隆起
隆头鹦哥鱼通常用隆起的前额撞击珊瑚，方便捕食。

群居，经常会 50 多条聚成一群，生活在珊瑚礁潟湖中或周边水域。它们会选择在海角周围或河口产卵，鱼卵聚成一群在深海浮游。它们常在水面附近活动，但也可下潜至 30 米的深处。主要以海底水藻和活珊瑚为食。据估计，一条成鱼一年能消化 5 吨左右珊瑚结构的碳酸盐，从而形成生物侵蚀。

Sparisoma viride
绿鹦鲷

体长：30~45 厘米
体重：1.6 千克
保护状况：无危
分布范围：大西洋西部海域

绿鹦鲷栖居在 16 米深的珊瑚礁周边水域。它们从幼鱼期起会经历巨大的变化，一开始颜色偏红，但到最终阶段会变成天蓝色。幼鱼的性别可雌可雄，但在最终阶段只能为雄性。到了最终阶段，它们的胸鳍上会有一处显眼的绿色斑点，因此得名绿鹦鲷。绿鹦鲷全身被圆形鳞片覆盖，长长的胸鳍非常有助于活动。

Hipposcarus harid
长吻马鹦嘴鱼

体长：35~75 厘米
体重：2.3 千克
保护状况：无危
分布范围：印度洋、红海、马达加斯加、爪哇、印度尼西亚

长吻马鹦嘴鱼依赖珊瑚礁为生，从水面至水深 25 米处均有分布，有的也栖居在海藻间和珊瑚礁平原上。它们体态修长，因此得名长吻马鹦嘴鱼。以海底水藻为食，人们通常用渔网和其他方法捕捞它们。长吻马鹦嘴鱼可食用。

Cetoscarus bicolor
青鹦哥鱼

体长：80~90 厘米
体重：无数据
保护状况：无危
分布范围：太平洋（从红海至波利尼西亚）

作为观赏鱼
它们是3 种最受水族爱好者青睐的鹦嘴鱼之一，但青鹦哥鱼的体形和饮食习惯使其很难适应水族箱的环境。

在幼鱼阶段，青鹦哥鱼的身体呈白色，而头部为橙色。到了成年期的初始阶段，雄鱼、雌鱼全身体色单调。在最终阶段，可能为雌性，也可能为雄性。处于生育期的雄鱼颜色非常鲜艳，这样才能吸引雌鱼。它们的鳞片为绿色，上面布满了粉红色的斑点，头部也是一样。幼鱼通常喜独居，并

在珊瑚或茂密的植被中寻找藏身之处。夜间，它们自己构建一个茧形气泡，并在里面睡觉。青鹦哥鱼的天敌能通过气味找到它们，因此青鹦哥鱼的数量在不断减少。它们以生长在珊瑚上或珊瑚周围的水藻为食，能用牙齿"侵蚀"珊瑚礁，一条鱼一年能产生 1000 千克沙子。

䲢鱼

门:	脊索动物门
纲:	辐鳍鱼纲
目:	鲈形目
科:	2
种:	96

䲢鱼分为两个科，一科为瞻星鱼科，口大，口中有类似小蠕虫的"诱饵"，身上有含毒的棘，其中一些可放电；另一科为望星鱼科，嘴唇及鳃盖骨后边缘有毛边。这两科的鱼类均有拟态特征，可埋伏在海底暗中监视猎物。

Uranoscopus sulphureus
萨尔弗䲢

体长: 45 厘米
体重: 无数据
保护状况: 未评估
分布范围: 印度洋 – 太平洋海域

萨尔弗䲢栖居在平原礁和沿岸海底附近水域。它们身上遍布着黑色斑点。头大口大，唇边有倾斜的"条纹"。它们身上有两根有毒的大硬棘，基部有保护腺可保护自己不受毒素伤害。保护腺位于鳃盖骨和胸鳍之间。眼睛位于头顶。口中有一些结构可以很大程度上避免呼吸时沙子进入。它们在海底产卵，但鱼卵随后会上浮，孵化成鱼苗后在海底浮游。

Uranoscopus bicinctus
双斑䲢

体长: 20 厘米
体重: 无数据
保护状况: 未评估
分布范围: 印度洋和大西洋海域

双斑䲢生活在 100 米深的热带海底珊瑚礁周围。头大、眼大、口大，且口朝向上方。身体的一半藏在沙子中，暗中监视猎物，并用下颚中类似蠕虫的诱饵吸引猎物。猎物一旦靠近，就将其吸入，但同时也会吸入沙子和其他物质。下颚处有一个呼吸阀，带有橙色的粗触须。双斑䲢身上有 4~5 根硬棘，13~14 根软

鳍条和 13 根臀棘。它们的身体呈深棕色，有 3 条非常显眼的黑色宽条纹。印度尼西亚的变种通体苍白，有深色的斑点。双斑䲢的商业价值不高，但也会出现在水族箱里。

Astroscopus y-graecum
大西洋星䲢

体长: 40 厘米
体重: 无数据
保护状况: 未评估
分布范围: 中美洲东部海域

大西洋星䲢栖居在不超过 100 米深的多石多沙的海底珊瑚礁附近。它们有一种器官能放出 50 伏特的电，具体的放电量取决于水温: 在 35 摄氏度的水中可放出 500 赫兹，在 15 摄氏度的水中只能放出 50 赫兹。它们还有一根棘与毒腺相连，可用来防御捕食者。身体呈棕色，后半身和头部遍布着白色斑点。尾巴上有 3 条深色的水平线。其胸鳍可帮助它们快速钻进海底。

Platygillellus altivelis
高扁指䲢

体长: 4~5 厘米
体重: 无数据
保护状况: 未评估
分布范围: 哥斯达黎加和巴拿马

高扁指䲢是一种栖居在多沙海底或软质礁石海底附近的深海鱼类，栖息深度可达 40 米。高扁指䲢是一种肉食性动物，它们吃带骨鱼、甲壳纲动物和海底蠕虫，尤其喜食虾、螃蟹、腹足动物和双壳动物。它们身形修长，通体为浅色，4 条深色的条纹显得格外显眼。

鳄冰鱼

门：脊索动物门

纲：辐鳍鱼纲

目：鲈形目

科：鳄冰鱼科

种：17

鳄冰鱼分布在南极和南美洲南部。它们细长的吻向前突出，口并未前突，但口中有锋利的牙齿。背鳍中有硬棘，胸鳍很长。它们缺乏运送氧气的红细胞，所以生活在氧气充足的地区。它们会进行大量的血液循环，此外还能通过皮肤呼吸。

Chaenocephalus aceratus
头带冰鱼

体长：65~75 厘米
体重：无数据
保护状况：无危
分布范围：南极洲沿海

"白色的血液"
和同科的其他品种一样，由于缺少红细胞，人们认为它们的血液是白色的。

进化
由于生活在南极冰冷的水中，它们必须适应极端的环境。

头带冰鱼是鳄冰鱼科最大的物种，也是南极体形最大的鱼类之一。它们的头很大，牙齿有力。栖居在冰冷的水域中，所以新陈代谢率很低。它们的鳃已经适应了环境，可提供较大的面积进行氧气交换。它们的皮肤中布满血管，却没有鳞片覆盖，也是为了便于气体交换，这样就可以弥补用于运送氧气的血红蛋白的不足。头带冰鱼的心脏很大，血管又粗又长，这些解剖学特征都可以让其心脏每分钟供应更多的血液，使其组织具备充足的氧气。它们可在 770 米深的海域游动着觅食，它们的食物以其他鱼类和南极虾为主。

皮肤
皮肤中遍布血管，且没有鳞片覆盖，这样有利于气体交换。

外露的鳃
提供足够的面积用于呼吸。

Champsocephalus esox
鳄头冰鱼

体长：35 厘米
体重：无数据
保护状况：未评估
分布范围：巴塔哥尼亚南部、马尔维纳斯群岛、麦哲伦海峡，有时在乔治亚群岛亦有分布

鳄头冰鱼栖息在水下 50~250 米。它们体态修长，身体呈棕色，身上有不规则的斑点。吻和牙齿均向前突出。除侧边线外，身上几乎没有鳞片。

Chaenodraco wilsoni
威氏棘冰鱼

体长：43 厘米
体重：无数据
保护状况：未评估
分布范围：南极及附近海域

威氏棘冰鱼身体呈浅灰色，身上有几道深色的纵向条纹。吻修长，以其他鱼类和南极磷虾为食，企鹅和海豹是它们的天敌。在冬季产卵。

Pseudochaenichthys georgianus
南乔治亚拟冰鱼

体长：50~60 厘米
体重：2 千克
保护状况：未评估
分布范围：南极半岛及斯科舍海群岛北部

南乔治亚拟冰鱼栖居在 475 米深的极地水域中。夏季主要捕食南极磷虾。自 1990 年以来，人们就禁止捕捞南乔治亚拟冰鱼。

蓝子鱼

| 门：脊索动物门 |
| 纲：辐鳍鱼纲 |
| 目：鲈形目 |
| 科：蓝子鱼科 |
| 种：25 |

　　蓝子鱼的嘴与兔子相似，因此俗称"兔子鱼"。它们有一对深色的大眼睛，体态修长，呈椭圆形，体色鲜艳、色彩斑斓。它们的背鳍一般有毒。它们在日间活动，有些物种喜群居，而有些喜独居。主要以海底水藻为食。人们捕捞蓝子鱼一般是食用，也有些是用于观赏。

Siganus unimaculatus
单斑蓝子鱼

体长：20 厘米
体重：无数据
保护状况：未评估
分布范围：太平洋西部海域

　　单斑蓝子鱼生活在水温 26~28 摄氏度的珊瑚礁周围，一般下潜深度不会超过 30 米。头部侧面下凹，黑白相间，身体的其他部分则呈黄色，有黑色斑点分布其间。每一条鱼的黑色斑点位置各不相同，这也可用于区分个体。单斑蓝子鱼的体态修长，且呈椭圆形，这一特征使其在逃脱捕食者时可以钻入岩石间的狭窄空间。成鱼一般成双成对出现，而幼鱼则会形成鱼群，有时一个鱼群可多达上百条个体。

单斑蓝子鱼背部有 13 根有毒的鳍棘和 10 根软鳍条。主要以藻类为食，并在开放的水域中产卵。单斑蓝子鱼很受水族爱好者青睐。

黑色斑点
可凭借黑色斑点将单斑蓝子鱼与其他近似物种区分开来。

兔嘴
单斑蓝子鱼的侧面凹陷、鱼吻修长，在同类中很具代表性。

Siganus guttatus
点蓝子鱼

体长：42 厘米
体重：无数据
保护状况：未评估
分布范围：印度洋东部和太平洋西部海域

　　点蓝子鱼的身体呈棕色，有橙色斑点。臀鳍基部附近有一处鲜艳的黄色斑点。栖居在热带丛林中的混浊水域和河口处，会与其他鱼类组成 10~15 条有规模的鱼群。

Siganus vulpinus
狐蓝子鱼

体长：20~23 厘米
体重：无数据
保护状况：未评估
分布范围：太平洋西部海域

　　狐蓝子鱼生活在深度不超过 30 米的珊瑚礁周围。日间，它们的头部和前半身会出现黑白相间的条纹，而其余部分为黄色；夜间，它们通身变成暗棕色，以便伪装自己，逃避捕食者。其鱼鳍有毒。

Siganus corallinus
凹吻蓝子鱼

体长：20~35 厘米
体重：无数据
保护状况：未评估
分布范围：太平洋西部海域

　　凹吻蓝子鱼生活在珊瑚礁潟湖中，栖息深度 3~30 米，偏爱 24~27 摄氏度的水温，以海底水藻为食。全身呈黄色，遍布着蓝色的小斑点。鱼鳍中有带毒带刺的硬棘。

准雀鲷鱼

门：	脊索动物门
纲：	辐鳍鱼纲
目：	鲈形目
科：	准雀鲷科
种：	98

准雀鲷鱼的颜色鲜艳，其中大多数体长不超过 12 厘米。栖居在热带海域珊瑚礁和岩层周围。喜独居，有时也会成双成对出现，但从不成群活动。准雀鲷鱼中有一些物种，如果两只同性被关在一起，其中一只会变性。

Pseudochromis steenei
史氏拟雀鲷

体长：12 厘米
体重：无数据
保护状况：未评估
分布范围：印度尼西亚和澳大利亚北部沿海

史氏拟雀鲷雄鱼的主要色调为橙红色，眼后有一道白色条纹，胸鳍和臀鳍边缘颜色较暗。雌鱼为浅蓝且偏黑。它们生活在较为平缓的珊瑚礁附近，一般独居或成对生活。

Blennodesmus scapularis
眼斑带鳗鳚

体长：8~9 厘米
体重：无数据
保护状况：无危
分布范围：澳大利亚北海岸和太平洋西海岸

眼斑带鳗鳚的体态修长，形似欧洲鳗鲡，栖居在珊瑚礁潟湖或潮间带，一般不会出现在深度大于 3~5 米的水域。以小型甲壳纲动物为食。它们的鳃膜与腹部相连，"肩膀"处有一个黑色的小斑点，约与眼睛同样大小。

Pseudochromis fridmani
弗氏拟雀鲷

体长：6 厘米
体重：无数据
保护状况：未评估
分布范围：印度洋西部和红海海域

弗氏拟雀鲷栖居在热带海域珊瑚礁附近，最深可达 60 米，但一般不会超过 35 米。

弗氏拟雀鲷一旦发现捕食者靠近，会立即躲进岩石或珊瑚之间的缝隙中。一般喜独居，且具有领地意识。身形修长，呈深紫色。它们是肉食动物，以虾和浮游动物为食。由于外形优雅，从而备受水族爱好者青睐，此外它们也能在人工环境中繁殖。在水族箱中它们一般吃水族爱好者喂投的食物，如间带螳螂虾。

会变化的面孔
有些弗氏拟雀鲷的脸上有一道黑线，从口延伸至眼睛处。

只在自然中
尽管有水族爱好者的悉心呵护，但在水族箱中，弗氏拟雀鲷的鱼鳍不会呈现在野生环境中的那种紫色。

Oxycercichthys veliferus
维拉尖角雀鲷

体长：12 厘米
体重：无数据
保护状况：未评估
分布范围：太平洋（澳大利亚东部）海域

维拉尖角雀鲷栖居在 12~35 米深的多岩石区域或多沙海底的珊瑚礁水域。成鱼的身体呈浅灰色且偏黄，上半身为蓝色，在背鳍前有一处深蓝色斑点。它们通常成对生活，喜食小虾。

难以分辨
维拉尖角雀鲷不存在性别二态性，从外观难以分辨雄鱼和雌鱼。

维拉尖角雀鲷尾巴呈披针形（类似长矛的铁头处）

旗鱼和剑鱼

门：	脊索动物门
纲：	辐鳍鱼纲
目：	鲈形目
科：	2
种：	12

旗鱼科的鱼因其长长的背鳍形状被称为旗鱼。剑鱼科下只有一个鱼种，统称为剑鱼。旗鱼和剑鱼均分布在热带和亚热带水域中。它们的上颌及吻部的骨头发育充分，形成了又尖又长的吻部。

Istiophorus albicans
大西洋旗鱼

体长：2.4~3.15 米
体重：58.1 千克
保护状况：未评估
分布范围：大西洋和加勒比海及地中海海域

大西洋旗鱼偏爱 10~20 米深的温热水层，即温跃层以上，它们的多数食物分布在这里。它们体态修长，一般雌鱼的体形要大于雄鱼。大西洋旗鱼是贪婪的捕食者，善于投机取巧，会追捕小型水底鱼群，如沙丁鱼、欧洲鳗和鲭鱼等。此外它们还吃甲壳纲动物、章鱼和鱿鱼。通常 3~30 条形成一个群体，向海岸迁徙，随后在较浅的岩边水域产卵。大西洋西部的大西洋旗鱼在夏季产卵，而大西洋东部的大西洋旗鱼则可在全年任何时间产卵，夏季是产卵高峰。在发情期，雄鱼会陪伴雌鱼迁徙至岸边，并在它们周围巡游，长长的背鳍露出水面。雌鱼产下 450~480 万枚鱼卵，由雄鱼负责孵化，小鱼约在 36 小时后破卵而出。初生的鱼苗约为 3 毫米长，当长到 6 毫米时就开始发育出长长的颚。

背鳍
背鳍延伸至全身，其高度超过身体的宽度。

间接危险
大西洋旗鱼最大的威胁来自意外捕捞，因为它们肉质很硬，本身没什么商业价值。

Istiophorus platypterus
平鳍旗鱼

体长：2.7~3.4 米
体重：100 千克
保护状况：未评估
分布范围：印度洋和太平洋海域

尽管大多数平鳍旗鱼栖居在热带和温带的印度洋、太平洋水域，但也有一部分通过苏伊士运河从红海进入地中海。

平鳍旗鱼为远洋洄游性鱼类，且迁徙性很强，在繁殖期会游很长的距离，只为找一个合适的产卵地点。夏季，雌鱼一旦受孕，就会在雄鱼的陪伴下找到产卵地点，产下上百万枚鱼卵。鱼苗的平均长度为 2.5 毫米。在生命的第一年，幼鱼快速地生长并与同类鱼形成鱼群进行迁徙，以避免被捕食。当幼鱼长至 5 厘米时，就基本具备了成鱼的形态。它们一般独自觅食，但偶尔也成群结队地合作捕食鱼类、头足纲动物和甲壳纲动物。

Makaira nigricans
大西洋蓝枪鱼

体长：2.5~5 米
体重：153~820 千克
保护状况：未评估
分布范围：大西洋海域

　　大西洋蓝枪鱼栖居在温暖的热带水域，尤其偏爱蓝色海洋。雄鱼的体形比雌鱼小。它们在日间活动，喜独居，具有攻击性。夏季它们向厄瓜多尔迁徙，而冬季则游向极地。它们要么埋伏在水面附近捕食小鱼，要么潜入水中捕食章鱼和鱿鱼等头足纲动物。雌鱼在冬季和夏季会产四次卵。

Tetrapturus audax
条纹四鳍旗鱼

体长：2.9~4.2 米
体重：160~440 千克
保护状况：未评估
分布范围：印度洋 – 太平洋海域

　　条纹四鳍旗鱼是旗鱼科中占统治地位的鱼种，分布十分广泛。它们一般生活在温带和热带温跃层以上水域中，从水面附近至 290 米深处均有分布。

颚
形状类似圆形的矛。

背鳍
其高度超过身体的宽度。

形态
尾梗处非常扁。

　　条纹四鳍旗鱼的特征为侧面有 15 道钴色点状纵向条纹。它们为远洋洄游性鱼类，喜独居，只有在产卵期才会聚成小群体，在各个地区都是夏季产卵。它们会在产卵和觅食时进行周期性迁徙，距离可在 100 千米以上。条纹四鳍旗鱼通过鱼吻的剧烈运动来捕食猎物，以多种海洋动物为食，如带骨鱼、章鱼、乌贼和鱿鱼及浮游甲壳纲动物。

Xiphias gladius
剑鱼

体长：3~4.5 米
体重：540~650 千克
保护状况：数据不足
分布范围：大西洋、印度洋、太平洋、黑海、马尔马拉海和地中海海域

　　剑鱼为剑鱼科唯一存活的代表性鱼类。它们视力极佳，视野开阔。雌鱼不仅体形比雄鱼大，寿命也比雄鱼长。它们既没有牙齿，也没有鳞片。

适应水
由于具有强大的肌肉组织和独特的体形，剑鱼可跳出水面或在水中飞快地游动

"剑斗士"
剑鱼的吻形似一把剑，可用于攻击猎物和自我保护，因而得名剑鱼。

　　剑鱼为追寻猎物也进行大规模的迁徙。春季，它们迁徙至温带和寒带水域，秋季再游回 18~22 摄氏度之间的温暖的热带水域。它们顺着洋流运动，以减少能量消耗。剑鱼是一种凶猛的捕食者，从水面到海底的各种鱼类、甲壳纲动物和头足纲动物都是它们的猎物。

　　剑鱼全年都可在赤道周围温热的水域中产卵，雌鱼产下几百万枚鱼卵由雄鱼孵化。小鱼卵（1.6~1.8 毫米）浮游在深海中。

Makaira mazara
蓝枪鱼

体长：3.5~5 米
体重：170~906 千克
保护状况：未评估
分布范围：印度洋和太平洋海域

　　蓝枪鱼是旗鱼科鱼类在热带分布最多的品种，其栖息地仅限于 24 摄氏度等温线以上的水域，且可下潜至 200 米深，一般栖居在远离海岸的开放水域中。

　　蓝枪鱼背鳍的高度小于身体的宽度，胸鳍并不僵硬，必要时可向身体回缩来减少水的阻力。蓝枪鱼会不断地进行迁徙。

Istiophorus platypterus

平鳍旗鱼

体长: 2.7~3.48 米
体重: 100 千克
保护状况: 未评估
分布范围: 太平洋和印度洋海域

速度
由于平鳍旗鱼具有巨大的背鳍，所以它们是速度最快的鱼类之一。

特征

该平鳍旗鱼的身体长而侧扁，背部为蓝色带深色斑点，腹部为银色。身体两侧均分布有纵向条纹，条纹上布满天蓝色小点。雌鱼的体形比雄鱼大。它们上颚的大小是下颚的两倍，长吻的顶端形如长刀，因此特别突出。

繁殖

雌鱼同一条或多条雄鱼一起游向较浅的水域并在岸边产卵，游动时背鳍露出水面。体形较大的雌鱼可产 400 多万枚鱼卵，且全年均可产卵。鱼苗没有父母的看护，不到一年就能长到 1 米长，之后会放慢生长速度。

优雅与突破
平鳍旗鱼优雅地在水中游动，也可高高跃出水面。它们单独或成对进行迁徙。

水中箭

平鳍旗鱼身体的构造使其成为海中速度最快的鱼类之一，每秒可游 30 米。其速度比许多运动艇还快，使人们很难对其进行研究，所以它们的特性中还有不为人知的细节。平鳍旗鱼是出色的猎手，甚至能在空中捕捉飞鱼。

食物所在地
平鳍旗鱼的饮食结构主要由生活在水面附近的鱿鱼、章鱼、金枪鱼、鲹、颌针鱼、欧洲鳀和沙丁鱼构成。它的吻和帆形的鳍对于捕捉猎物至关重要。当它们还是鱼苗时，就开始快速地吞食浮游的甲壳纲动物。

110 千米/时
这是平鳍旗鱼能达到的最大速度。

旗
最大的背鳍几乎遍布整个身体，由42~49 根鳍条构成。当平鳍旗鱼感觉受到威胁时，会用背鳍使自己显得更大。

4 年
在自然环境下，平鳍旗鱼的平均寿命为 4 年。

捕食
平鳍旗鱼有非常独特的捕食系统，通常成群行动；猎物也通常成群出现，这让捕食变得更简单。当平鳍旗鱼发现猎物时，会先慢慢追逐它们，等到要出手时再展开鱼鳍，全速前进以捕获猎物。

流体动力

平鳍旗鱼身体的多种特征使其可以在水中飞速移动，能达到如此大的速度主要是由于其身形符合流体动力学原理。平鳍旗鱼帆形的背鳍和上颚都可以帮其"割开"水流；此外修长的体形和有力的尾部肌肉也助益不少。

活动

由于其流体动力学特征，所以平鳍旗鱼与其他鱼类不同，它们在活动时几乎不产生波浪，身体也一直保持直线。

侧视图

俯视图

僵硬的脊柱

速度快的鱼的脊柱比速度慢的鱼的脊柱更硬，所以脊柱也是影响速度的一个因素。

欧洲鳗鲡
100 根椎骨

旗鱼
30 根椎骨

胸鳍
胸鳍也很长，几乎到了臀鳍的起点，由软鳍条构成。

尾梗
有强而有力的肌肉来晃动尾巴并保证速度。

尾巴
尾巴很细，呈箭形，游动时负责推进。

1 觅食
它们一般在较浅的水域中觅食。几条平鳍旗鱼追逐一群猎物并将它们包围。

2 出击
平鳍旗鱼展开鱼鳍，对准目标迅速出击，用长吻撞击猎物。

3 消化
猎物有的被撞晕，有的被撞死，然后平鳍旗鱼立即用它们强而有力的颚将所有猎物悉数吞下。

虾虎鱼及其相关鱼类

门：脊索动物门	
纲：辐鳍鱼纲	
目：鲈形目	
科：3	
种：2026	

虾虎鱼科具有丰富的多样性：它们有的生活在咸水中，有的生活在海洋中，有的为降河洄游鱼类。塘鳢科共150种，分布在热带和亚热带水域，有的生活在咸水中，有的生活在淡水中。这一科的各物种通常被称为瓜维那塘鳢。溪鳢科的唯一代表性鱼类栖居在印度—澳大利亚群岛的淡水水域中。

Gillichthys mirabilis
长颌姬虾虎鱼

体长：13~21 厘米
体重：10~16 克
保护状况：无危
分布范围：北美洲太平洋沿海

长颌姬虾虎鱼的头很宽，头上有小型感应乳突。背部的颜色在深棕色和橄榄绿之间变换。栖居在咸水河口区水不深但泥浆遍布的地区。它们会挖小洞，在退潮时可以躲在里面。长颌姬虾虎鱼有一个口咽腔，可供缺水时使用。

口
长颌姬虾虎鱼的口很长，几乎延伸至鱼鳃处

Gobius xanthocephalus
黄头虾虎鱼

体长：8~10 厘米
体重：7~12 克
保护状况：无危
分布范围：大西洋东部、地中海和黑海海域

黄头虾虎鱼栖居在多岩石和细沉淀物的水底，最深可达20米。它们的头呈深黄色，偏扁的圆柱形身体呈黄灰色或透明色，身上有深色斑点。它们自己没有固定的栖居地点，不得不与其他物种挤在狭小的空间中生活。主要以各种无脊椎动物为食，如多毛蠕虫、管栖动物、软体动物和甲壳纲动物，有时也吃藻类。

Koumansetta rainfordi
雷氏库曼虾虎鱼

体长：4.54~8.5 厘米
体重：10~13 克
保护状况：未评估
分布范围：太平洋西部海域

雷氏库曼虾虎鱼和赫氏库曼虾虎鱼是库曼虾虎鱼属仅存的两个品种。它们一般在泥底或沙底水域浮游，栖息深度为3~30米，水质通常较为混浊，且周围有珊瑚礁。它们身上有两处斑点，一处在背鳍后半部分，另一处在尾鳍上，这样可以混淆敌人的视线，令其以为自己攻击的是雷氏库曼虾虎鱼的头，实则是无关紧要的部位。它们通过过滤底土层的物质觅食，可用鱼鳃消除无机物。

Amblyeleotris guttata
点纹钝塘鳢

体长：8~11 厘米
体重：无数据
保护状况：未评估
分布范围：太平洋西部海域

点纹钝塘鳢的主色调为奶油色或白色，边缘呈棕色，身上布满橙色斑点。它们依赖热带水域的珊瑚礁生活，最深可达25米。偏爱以粗沙或碳酸盐为基质的水域，这样，当它们遇到捕食者时可钻入沙子里躲藏起来。

它们性情温和，主要以肉类为食，所以需要与某些虾类共同生活。在产卵阶段，雌鱼会将大量的鱼卵产在水底。

Bryaninops yongei
勇氏珊瑚虾虎鱼

体长：12 厘米
体重：无数据
保护状况：未评估
分布范围：印度洋和太平洋海域

　　勇氏珊瑚虾虎鱼栖居在 3~45 米深的热带珊瑚礁周边水域，从红海到夏威夷，从拉帕群岛至大堡礁再到中国的东海均有分布。

　　勇氏珊瑚虾虎鱼的体侧有 6 条红色条纹。虽然它们喜独居，但成年雄鱼通常会与一条幼鱼或体形较小的雌鱼凑对生活。它们通常在虫黄藻间捕食小型无脊椎动物。

　　勇氏珊瑚虾虎鱼为雌雄同体生物，雄鱼的睾丸旁边有一个未被激活的卵巢，雌鱼也有性腺结构使其可以轻易变性。上述性腺结构可使处于生殖期的一对勇氏珊瑚虾虎鱼双向变性。它们在体外受孕，将鱼卵置于珊瑚的珊瑚虫之间。

依赖珊瑚
它们只依赖颏突珊瑚或柳珊瑚为生，头和腹部可以粘在珊瑚上。因其栖息地而又被称为颏突珊瑚虾虎鱼。

身体
勇氏珊瑚虾虎鱼通体通明，身体正中间有一道银线。

Periophthalmus barbarus
奇弹涂鱼

体长：12~25 厘米
体重：无数据
保护状况：无危
分布范围：大西洋中东部和太平洋中西部

　　奇弹涂鱼栖居在热带红树林及河口区。尽管是鱼类，却有两栖动物的特征。

　　它们全身布满血管，鳃和尾巴能进行水合，所以能离开水生存。它们会跳上淤泥，在美国红树的根部进行换气。可利用胸鳍和肌肉组织进行攀爬。

Dormitator maculatus
脂塘鳢

体长：14.5~70 厘米
体重：无数据
保护状况：未评估
分布范围：太平洋中西部

　　大部分脂塘鳢生活在淡水中，但也有一小部分生活在咸水中。它们的栖息地一般是沼泽、泥底运河和池塘。脂塘鳢会迁徙至河口区繁殖。一夫一妻制的交配包括一系列繁杂的步骤，如体色变深等。它们一般在洞穴中产卵，孵化期为 11~16 天不等。

Amblyeleotris wheeleri
红纹钝塘鳢

体长：4.5~10 厘米
体重：无数据
保护状况：未评估
分布范围：印度洋和大西洋海域

　　红纹钝塘鳢体形修长，体色白，通体散布着红色或棕色的条纹。它们生活在 5~15 米深的浅水珊瑚礁周围，与枪虾（*Alpheus ochrostriatus*）共生。枪虾负责挖洞供红纹钝塘鳢生活，同时受益于红纹钝塘鳢的保护，从而免受捕食者的追捕。红纹钝塘鳢很不活跃，大多数时间都待在藏身处附近，等待猎物经过。它们主要捕食小型甲壳纲动物。

Bryaninops amplus
狭鳃珊瑚虾虎鱼

体长：2.5~4.6 厘米
体重：无数据
保护状况：无危
分布范围：印度洋和太平洋海域

　　狭鳃珊瑚虾虎鱼栖居在有礁石的活水海域，栖息深度为 5~30 米。它们与柳珊瑚（柳珊瑚目）共生，以共生珊瑚中的微生物为食。人们捕捞狭鳃珊瑚虾虎鱼并出售给水族爱好者，这对它们的未来可能是个威胁。目前人们仍对其繁殖周期和其他生物过程中的一些细节并不够了解。

Periophthalmus argentilineatus

银线弹涂鱼

体长：9.3 厘米
体重：未评估
保护状况：未评估
分布范围：印度洋 – 太平洋海域

腹鳍
腹鳍与基部相连，构成吸盘。

银线弹涂鱼有两栖动物的习性，可以呼吸空气。它们一般呈棕色且偏深灰，腹部为白色。银线弹涂鱼的头部和体侧有小白点以及银色纵向细条纹。它们头很大，鱼吻扁。

饮食

银线弹涂鱼属于机会主义捕食者，几乎能吃所有嘴能吞下的有机体，如蠕虫、螃蟹以及生活在淤泥表面的昆虫，它们在水中也能捕食鱼类。

栖息地

银线弹涂鱼中有的生活在海洋中，有的生活在淡水或咸水水域中。它们占据了红树林的淤泥区域以及热带和亚热带的潮间带，最深可达2米。

活动
银线弹涂鱼可在沙子上或河口潮间带的淤泥上跳跃或爬行着觅食。

生活在水外

银线弹涂鱼的呼吸系统结构使其可以呼吸空气，这与其他鱼类相比是非常独特的，且其两栖行为也十分高效。其呼吸系统在水中或水外均可使用，其中最重要的部分为鳃盖骨膜、颈皱、口边皮肤、咽部及全身的皮肤。当银线弹涂鱼生活在水中时，也可在鳃腔中保存气泡，并用一个特殊的鳃瓣封住鳃室。

外形
两性的外形相差不大，雄鱼的体色只在繁殖期变得更鲜艳。

形态与环境
银线弹涂鱼是一个绝佳的例证，证明了无脊椎动物是如何利用各种方式克服重重困难来占领陆地环境的。为了适应环境，它们能大量获取空气，避免过于干燥，并应对渗透变化和温度变化

37 个小时
只要银线弹涂鱼的皮肤保持湿润，它们可以在水外生活37 个小时。

第二背鳍
比第一背鳍位置低，也更修长，由1条位置较高的橙色条纹和3条水平条纹构成。

尾鳍　第二背鳍　第一背鳍
臀鳍　腹鳍　胸鳍

视角

银线弹涂鱼的名称来源于它们位于背部且能独自活动的眼睛。由于眼睛的位置很高，每只眼睛的视角有180度，可用特殊的肌肉组织收回或伸出眼睛，不用扭动头部就可以快速转动眼睛。

视角　视角

视网膜
视觉神经
角膜
晶状体
下眼睑

第一背鳍

由11根灵活的鳍棘构成，呈棕红色，有1道黑色宽条纹和1道白条纹。

呼吸

银线弹涂鱼离开水后就会闭合鳃盖骨，并快速鼓起鳃腔。

由于银线弹涂鱼可以适应水陆两生环境，所以它们的鳃在水中的效率较低，因此皮肤的呼吸显得尤为重要

银线弹涂鱼主要通过鳃呼吸，但当它们离开水时，则会闭合鳃，并在鳃腔中装满水，这样就可在一段时间内进行气体交换。此外，它们还可以吸入气泡，并将气泡含在口中

鳃腔扩大

腹鳍

有了腹鳍，银线弹涂鱼就可以进行攀缘，在洪水期还可在淤泥的底层移动

鳚鱼及其相关鱼类

门：脊索动物门	
纲：辐鳍鱼纲	
目：鲈形目	
科：5	
种：783	

所有鳚鱼都生活在海洋环境中。其中鳚科的各种鱼类头部扁平，无尖突。其他亲缘科有：胎鳚科，与欧洲鳗鲡相似，色彩斑斓；线鳚科，仅在北大西洋较寒冷的海域有分布；狼鳚科，背鳍巨大，几乎覆盖了整个背部；绵鳚科，口位于身体下半部分。

Ecsenius midas
金黄异齿鳚

体长：13 厘米
体重：10~16 克
保护状况：未评估
分布范围：印度洋和太平洋中部海域

金黄异齿鳚头大身长，吻端形似里拉琴，尾鳍又细又长。通身呈金黄色，只在泄殖腔处有一个黑色斑点。与其他鱼类一同活动时，其颜色也会向它们靠近，这样可以躲避捕食者（一般为体形更大的鱼）。栖居在 2~40 米深的热带珊瑚礁周边水域。

拟态
它们可以快速改变自身的颜色。

Parablennius pilicornis
环项副鳚

体长：8~10 厘米
体重：7~12 克
保护状况：未评估
分布范围：大西洋东部和印度洋西部海域

环项副鳚有 4 种颜色。黑色的环项副鳚身上有横向条纹和黄色斑点。此外，还有大量变种。栖居在热带或温带水域中，一般藏身于岩缝、洞穴和海藻群中，这些因素对于环项副鳚的存活至关重要。以小型动物为食。体形较小的环项副鳚生活在岩边，而体长超过 5 厘米的环项副鳚则栖居在岩礁区。

Hypleurochilus fissicornis
裂角侧唇鳚

体长：8~9 厘米
体重：10~13 克
保护状况：未评估
分布范围：大西洋西南部海域和南美的河流

裂角侧唇鳚的尾部较窄，呈棕褐色或橄榄棕色，腹部区域有深色斑点。它们有拟态色，具体颜色取决于生活的底土层颜色。栖居在从水面至水深 5 米之间的热带和亚热带海域中，在一生中的某些阶段会依赖珊瑚礁生活。它们也会出现在河口区退潮后留下的水塘或地势较高的淡水水域中，如拉普拉塔河（南美洲）。主要以端足目动物和等足目动物为食。

Ecsenius stictus
斑点异齿鳚

体长：6 厘米
体重：6~9 克
保护状况：未评估
分布范围：太平洋西部海域

斑点异齿鳚的眼睛位于身体前侧，大且向外突出，口位于眼睛下方且非常小巧。胸鳍很小，可用作"脚"并在水面上立起身来。斑点异齿鳚的体色随着其所在的底土层的颜色而变化，从白色变成棕褐色和红色，腹部和后半身有斑点和条纹。当斑点异齿鳚静止不动时，可以完全模拟周围的环境。嘴后有一道极细的黑线。它们

生活在水面至水深 5 米之间的热带珊瑚礁水域。以藻类、浮游动物和水生植物为食。它们产下的鱼卵会黏在底土层上。

Plagiotremus rhinorhynchos
粗吻短带鳚

体长：12 厘米
体重：10~16 克
保护状况：未评估
分布范围：印度洋和太平洋中部海域

　　粗吻短带鳚身形修长，且扁平，眼大，嘴隆起。成年鱼体色各不相同，从黑到黄都有，且有两条蓝色的条纹横穿全身。它们可以变成猎物的颜色，以接近猎物，此外也不易被捕食者发觉。幼鱼的体色类似裂唇鱼，身体呈蓝色，有一道白色条纹。

　　它们栖居在有珊瑚礁和海藻的清澈水域，栖息深度约为 40 米。它们一旦感受到威胁，就会躲进与其身体等宽的管状洞穴中，一般为海洋蠕虫洞，而且体色也会变得和礁石底土层的颜色一模一样。

适应性
粗吻短带鳚可以突然改变体色。

饮食
粗吻短带鳚依赖其他鱼类的皮肤生存。它们会突然发动猛烈的攻击，来拔除并消化鳞片、皮肤和黏液。

Lipophrys pholis
穴栖无眉鳚

体长：25~30 厘米
体重：0.7~1 千克
保护状况：未评估
分布范围：欧洲沿岸和地中海西部海域

　　穴栖无眉鳚身形短胖，头大，眼睛前突。身上没有鳞片，皮肤很黏，呈棕色或橄榄棕，有白色斑点。它们身体上的色块可根据环境改变，形成拟态。它们生活在水温适中或寒冷的多岩石岸边水域，从水面至水深 8 米处均有分布。如在退潮时短时间内被暴露在空气中，它们也可呼吸空气。穴栖无眉鳚从初春开始繁殖，寿命可长达 10 年。食鱼鸟类和大型鱼类是它们的天敌。

Ophioblennius steindachneri
斯氏真蛇鳚

体长：16~18 厘米
体重：400~750 克
保护状况：无危
分布范围：太平洋东部海域

　　斯氏真蛇鳚身体呈圆柱形，眼睛、后颈和鼻孔上有卷须。它们生活在较浅水域的珊瑚礁周围，有时也生活在海浪较大或水流湍急处。它们藏身于岩石缝隙中，并通过快速袭击来捍卫领地。它们用尖利的牙齿磨碎水藻和小型无脊椎动物等食物，然后再吞咽下去。

Parablennius marmoreus
云纹副鳚

体长：8~9 厘米
体重：10~13 克
保护状况：未评估
分布范围：大西洋中西部海域

　　云纹副鳚的前半身较为肥硕，眼睛大而前突，两眼中间有几根卷须。它们身上有多处棕色和红色斑点，色块有点类似大理石，此外背鳍也位于前半身，整个臀鳍呈白色。有些云纹副鳚有深色的条纹横穿全身，甚至经过腹部。这样的图案在面对捕食者时十分有利于伪装。

　　云纹副鳚生活在海岸边的礁石附近，最大深度可达 10 米。幼鱼栖居在河口红树林根部附近或马尾藻海。它们将卵产于海床上，由于鱼卵有黏性，所以可以一直固定在那里。

栖息地
云纹副鳚经常出现在落潮时海岸边的小水塘中。它们通常生活在表面覆满水草的多岩石底土层附近的水域。

Cirripectes auritus
项斑穗肩鳚

体长：8~9 厘米
体重：9~14 克
保护状况：未评估
分布范围：印度洋和太平洋中部海域

项斑穗肩鳚的体色是可以变化的。成年鱼的体色一般为粉红色，体侧和背鳍上有深色的小斑点。头部可能有颜色更深的粉红条纹和斑点，后颈处有一个显眼的黑色斑点。它们的虹膜呈黄色，眼睛外边缘为橙色，由于眼睛大，所以格外显眼。它们生活在热带海域水深较浅（深度不超过 20 米）的礁石周围。产下的卵黏附在底土层上。

Heterostichus rostratus
吻异线鳚

体长：60 厘米
体重：3~4 千克
保护状况：未评估
分布范围：北美洲

吻异线鳚是胎鳚科中唯一一个体形较大的品种，眼小吻尖，身体侧扁，背鳍和臀鳍连为一体，从后颈一直连至尾部，仿佛一片大型褐藻。吻异线鳚就栖居在大型褐藻中，可完美地进行拟态。吻异线鳚的颜色可根据栖息地进行变化，可为绿色、黄绿色、带银色色调的红色，或可出现从深色至白色的斑点。

Chirolophis decoratus
饰笠鳚

体长：42 厘米
体重：3~4 千克
保护状况：未评估
分布范围：太平洋北部海域

饰笠鳚的眼睛很大，从头部、后颈到背鳍处有若干根前突的白色卷须，上面有黑色的斑点。具体体色视环境的不同而有所变化，每条鱼都不同，这也可能有助于吸引猎物。

饰笠鳚全身呈浅棕色，背部有不规则的白色斑点，背部以下（包括背鳍和腹鳍）有浅色的纵向条纹。腹部为白色，眼大且色深。身体的其余部分都很修长，背鳍和臀鳍连成一片，类似欧洲鳗鲡，但不会像欧洲鳗鲡一样波状前行。栖居在寒冷水域 1~90 米深的礁岩附近，礁岩上长满水藻，它们一般确定住所后就不再改变。一旦出现紧急情况，就会躲进洞穴中。

口
饰笠鳚的嘴唇异常肥厚。

Ribeiroclinus eigenmanni
艾氏黑胎鳚

体长：60~70 厘米
体重：9~10 千克
保护状况：未评估
分布范围：南美洲

艾氏黑胎鳚的头很宽，而身体则越到尾部越窄。其体色可以模拟外部环境，但一般为灰色或橄榄色，有黑色的粗条纹横穿全身，只有头部的条纹较稀疏。艾氏黑胎鳚是该属的唯一一代表，食鱼鸟、蓝眼鸬鹚（*Phalacrocorax atriceps*）和大型鱼类都是它们的天敌。分布在较浅的温水或冷水水域中，栖居在多沙或多砾石的底层。为躲避捕食者而藏身于小洞穴中。艾氏黑胎鳚双眼的视角完全独立，所以总视角很宽广，这既有利于捕食又有利于防御。它们数量极少，自有科学记录以来，关于艾氏黑胎鳚的描述少之又少，甚至由于错误而被记载过两次，直至 1970 年，各种不同的记载才汇集在一个名称之下。

Chirolophis nugator
美笠鳚

体长：15 厘米
体重：20~30 克
保护状况：未评估
分布范围：太平洋北部海域

美笠鳚体形修长，雄鱼呈黄色，有时色调偏红，体侧边缘处有白色或黄色的斑点。雌鱼基本为棕褐色，斑点也较少。无论是雄鱼还是雌鱼，后颈处都有多根白色卷须，类似底土层的白色地衣。栖居在 20~80 米深的岩石底层的寒冷海域中。

Zoarces americanus
美洲绵鳚

体长：75~98 厘米
体重：4~5 千克
保护状况：未评估
分布范围：大西洋西北部海域

饮食
美洲绵鳚一般通过触觉而非视觉来寻找食物，也可设下圈套捕食。

美洲绵鳚呈灰色而且偏棕褐色，背部两侧及背鳍上有斑点。背鳍从后颈一直延伸到尾部，但尚未与尾鳍相连。栖居在北美洲大陆架水温温和或较冷的水域中（低于 10 摄氏度）。美洲绵鳚以底栖有机物为食，从水草到甲壳纲动物和软体动物无所不食。它们在受到保护的地点产卵，如岩石洞穴中，父母双方会编织巢穴，将鱼卵安放在冻胶式的物质上。根据水温的不同，鱼卵的孵化时间为 2~3 个月不等。它们的天敌有鸬鹚、其他鱼类和鱿鱼幼体。寿命可长达 20 年。虽然不进行迁徙，但会根据食物和水温进行区域间移动。

大嘴
嘴唇肉质肥厚，尖利的牙齿十分有力。

Iluocoetes fimbriatus
软绵鳚

体长：30~35 厘米
体重：2~2.5 千克
保护状况：未评估
分布范围：南美洲沿岸

软绵鳚的头很强壮，吻长而钝，眼睛很大，身体的上边缘稍稍超过头部，这是绵鳚科的典型特征。上颚比下颚大，且嘴唇肥厚。软绵鳚一般呈棕褐色，身上及高耸的背鳍上杂乱地分布着圆形斑点，胸鳍上也有斑点分布，不过比背鳍上的斑点稍小一些。软绵鳚的腹部和臀鳍呈白色。与同类的其他鱼种一样，软绵鳚没有明显的鱼鳔，因此它们只得栖息在底土层，且腹部无法呈拟态色。栖居在水温适度及寒冷水域（盐度高）或河口区（含一定盐度），栖息深度为 0~600 米。卵生，将鱼卵产在水底，鱼卵的表面有黏性，可以附着在底土层上。

Anarrhichthys ocellatus
眼斑鳗狼鱼

体长：2.40 米
体重：18 千克
保护状况：未评估
分布范围：太平洋北部海域

眼斑鳗狼鱼体态修长，形似欧洲鳗鲡（鳗鲡科），头部高耸，身体侧扁，与身体的其他部分相比，吻部显得尤其大。有力的颚骨向前突出，而深色的大眼睛则向内凹。眼斑鳗狼鱼的嘴很宽，突出的牙齿十分有力。整个头部为灰色（有时有深色的小斑点），身体的其余部分也为灰色，有横向深色宽条纹。它们的体色是为了适应多石的底土层环境，这样它们一旦钻入洞穴，猎物就无法看见它们的头。栖居在 1~220 米深的水温适中的海域。幼鱼在 2 岁前一直在海中浮游，这是占领新领地的好办法。

眼斑鳗狼鱼在冬季产卵，它们把鱼卵产在洞穴中，雄鱼和雌鱼将它们围住，以免被捕食者吞食。

行为
眼斑鳗狼鱼藏身于洞穴中，只探出身体的一小部分，猎物经过时根本注意不到它们。

饮食
眼斑鳗狼鱼能消化刺海胆等各种无脊椎动物。

鳚鱼

门：脊索动物门	
纲：辐鳍鱼纲	
目：鲈形目	
科：鳚科	
种：187	

鳚鱼主要分布在印度洋和太平洋的热带海域中。头部上方有一根长长的鳍棘，有些作为天线，背鳍中有四根鳍棘。它们色彩斑斓，呈明显的性别二态性。鳚鱼生活在多沙的底土层附近，以小型无脊椎动物为食，也有个别鱼种栖居在珊瑚礁中。

红连鳍鳚

体长：13~17 厘米
体重：25~40 克
保护状况：未评估
分布范围：太平洋西部和印度洋东部海域

栖息地
它们在河口区及海洋水域均常有分布。

性别二态性
雄鱼比雌鱼长5厘米

红连鳍鳚的头部宽而有力，吻部不尖，口位于前端。身体呈橙红色，背鳍和臀鳍上有浅蓝色斑点，尾巴上也有两道天蓝色的横向条纹。眼窝突出，有一对黄色的大眼睛。雄鱼有一片巨大的背鳍，在交配期或捍卫领地时会展开。红连鳍鳚在深海活动，栖居在水下 70~600 米。它们主要以桡足亚纲动物为食，但也吃浮游生物、无脊椎动物幼体和鱼苗。

Dactylopus dactylopus
指脚鳚

体长：30 厘米
体重：350~450 克
保护状况：未评估
分布范围：太平洋西部和印度洋东部海域

指脚鳚的鳍非常长，呈羽毛状。在进行交配或需要进攻时，就会竖起鱼鳍，让它们看起来比实际更大，此时尾鳍也会展开，其中的硬棘为深蓝色。它们用类似手指的部位（即专门的鳍骨）将甲壳纲动物等食物送至口边。以甲壳类动物为食。体色为拟态色。

Callionymus bairdi
巴氏鳚

体长：11 厘米
体重：22~30 克
保护状况：未评估
分布范围：太平洋西部和大西洋东部海域

性别二态性
雄鱼的体形比雌鱼大，鱼鳍也更长。

巴氏鳚的身体修长，无鳞片。雌雄巴氏鳚的体色各不相同。雄鱼背部为棕色，带大理石色斑点，第一背鳍上有蓝色线条或由斑点构成的线条。雌鱼的第一背鳍则为黄色。它们会模拟周围环境的颜色，从而在不被发觉的情况下接近猎物。雄鱼在繁殖期会展开鱼鳍向雌鱼展示。巴氏鳚为远洋洄游性鱼类，依赖珊瑚礁生存。栖居在覆有海藻的海床上，以小型无脊椎动物为食。

Eocallionymus papilio
蝶形原鳚

体长：10 厘米
体重：15~19 克
保护状况：未评估
分布范围：澳大利亚及新西兰沿岸

蝶形原鳚的头部呈三角形，体色偏白色，也有些偏粉红色或灰色，背部有棕褐色斑点。与雌鱼遍布全身的斑点不同，雄鱼只在腹部有深色斑点，且它们的第一背鳍比雌鱼的更大，色彩也更斑斓。栖居在温暖水域的珊瑚礁或河口区，颜色可以完美地模拟海藻、底土层、沙子和贝壳。

Synchiropus splendidus
花斑连鳍鲔

体长：6 厘米
体重：5~7 克
保护状况：未评估
分布范围：太平洋西部海域

花斑连鳍鲔的体形短粗，口大而唇厚，眼睛外突、颜色鲜明，身体中部（包括背鳍和臀鳍）有橙色和绿松石色的条纹。尾部为橙色，鳍条呈蓝色；胸鳍上黄、蓝条纹相间，边缘也为深蓝色。花斑连鳍鲔身上没有鳞片，布满黏性物质。

花斑连鳍鲔栖居在热带海域的珊瑚礁周边，有时会形成小鱼群。它们在底层缓慢移动，以隐藏自己的踪迹。日间它们不断地进食，主要以小型甲壳纲动物和其他无脊椎动物为食，如桡足亚纲动物、多毛虫、小型腹足纲动物、端足目动物和鱼卵等。

到了繁殖期，花斑连鳍鲔可能会迁徙至开放水域，等日落后开始交配。

雄鱼会从 3~5 条雌鱼中选择 1 条与之交配。交配过后，雌鱼会产下 200 枚左右鱼卵，这些鱼卵随波逐流，约在 18~24 小时后孵化，变成 1 毫米长的鱼苗。两个月后，这些幼鱼的体色会接近成鱼，身长在 10~15 毫米之间。

繁殖
雄鱼在几条雌鱼面前跳跃，进行选择，等日落后开始交配。

行为
花斑连鳍鲔在日间一般安静地待在底层。

颜色
虽然花斑连鳍鲔身上色彩斑斓，但它们也能模拟周围环境的颜色。

Synchiropus moyeri
摩氏连鳍鲔

体长：7.5 厘米
体重：6~9 克
保护状况：未评估
分布范围：日本太平洋沿岸

由于眼睛前突，摩氏连鳍鲔的头部侧面呈三角形，锥形的吻部又尖又小。身体呈白色，全身遍布着红色斑点，眼睛为黑色。第一背鳍呈黑色，带有深黄色斑点，胸鳍则为黄色。它们全身的颜色都可以根据环境变化。栖居在 3~30 米深的珊瑚礁中。摩氏连鳍鲔通常形成小鱼群，由一条雄鱼带领，占据一片礁石。

Synchiropus picturatus
变色连鳍鲔

体长：7 厘米
体重：5~8 克
保护状况：未评估
分布范围：太平洋西南部海域

变色连鳍鲔的体形短粗，第一背鳍很小，雄鱼的鳍比雌性的发达很多。体色随周围环境的不同而改变，身上有黑色或橄榄色的斑点，构成几个同心圆，其中边缘处的色调最暗，最外沿处呈桂皮色。基部为橄榄色而偏灰，甚至可能有粉色的色调。斑点可能变成绿松石色、黑色和橙色，类似花斑连鳍鲔。

栖居在热带海域水深不到 20 米的珊瑚礁附近，也会在浅水底层活动。它们利用拟态，藏身于活珊瑚下，以小型无脊椎动物为食。

繁殖
它们每年或每 15 个月产一次卵，产卵期都在春季

颜色
在交配期变色连鳍鲔会呈现出鲜艳的色彩。

斗鱼及其他

门:	脊索动物门
纲:	辐鳍鱼纲
目:	鲈形目
科:	丝足鲈科
种:	49

丝足鲈科生活在淡水中,其中包括长丝鲈、斗鲈、天堂鱼和拟丝足鲈等。栖居在巴基斯坦、印度、马来西亚群岛、中国和韩国。其中一些品种在口中孵化幼鱼,另一些则用吐气泡的方式筑起浮巢产卵。一般由雄鱼负责筑巢并照看幼鱼。

Betta splendens
五彩搏鱼

体长: 6.5 厘米
体重: 无数据
保护状况: 未评估
分布范围: 亚洲的湄公河流域

性别二态性
雄鱼的鱼鳍(胸鳍除外)
比雌鱼的鱼鳍长。

五彩搏鱼栖居在水流平缓的淡水水域,其中包括泛滥平原、稻田和河流中,适宜温度为 24~30 摄氏度。它们以昆虫幼虫和浮游动物为食。五彩搏鱼生活在水底。到了繁殖期,雄鱼会吐气泡筑浮巢吸引雌鱼前来产卵,雄鱼用身体和鱼鳍包裹住巢穴,并使鱼卵受精。随后雌鱼弃这些鱼卵不顾,由雄鱼来保护鱼卵和鱼苗。五彩搏鱼深受水族爱好者的青睐。搏鱼极具领地意识,亚洲的一些国家就利用它们这一特性组织类似斗鸡的斗鱼比赛。

Macropodus opercularis
盖斑斗鱼

体长: 12 厘米
体重: 无数据
保护状况: 未评估
分布范围: 长江靠南周围岛屿流域

叉尾
盖斑斗鱼的尾巴又宽又长

盖斑斗鱼的身体长而强壮。雄鱼的体色比雌鱼鲜艳,在繁殖期尤为绚丽。它们的主色调为栗色和黄色,其中点缀着红色和蓝色。比较喜欢栖居在 16~26 摄氏度的水域中。生活在小溪、河流、森林水泽带和乡村的灌溉水道,甚至能在氧气含量很低的水体中生存。盖斑斗鱼深受水族爱好者的青睐,被引入热带和亚热带地区。

Osphronemus goramy
丝足鲈

体长: 45~70 厘米
体重: 无数据
保护状况: 未评估
分布范围: 东南亚

丝足鲈栖居在沼泽、湖泊和大河中。它们能从湿润的空气中获取氧气,所以离开水后也可长时间存活。它们以水藻和无脊椎动物为食,但也能捕食两栖动物和其他鱼类,有时甚至吃腐肉。人们捕捞丝足鲈是为了食用,同时它们也深受水族爱好者的喜爱。

Pseudosphromenus cupanus
拟丝足鲈

体长: 6.5~7.8 厘米
体重: 无数据
保护状况: 未评估
分布范围: 南亚

拟丝足鲈色彩斑斓,鱼鳍又长又尖,且数量为奇数。栖居在水流平缓、植被茂密的水域(水温在 24~27 摄氏度之间),如水藻丰富或有许多浮游植物的区域。它们以浮游动物和昆虫为食。水族爱好者通常选择以蓝色和红色为主的拟丝足鲈,有时也喜欢颜色稍微泛白的品种。

Trichogaster leerii
珍珠毛足鲈

体长：12 厘米
体重：无数据
保护状况：未评估
分布范围：东南亚

珍珠毛足鲈栖居在稻田和小池塘中，在水温 25~29 摄氏度的水域中生活得最舒适。它们体形紧凑，侧面呈圆形。腹部基部有一对触须。它们身上散布着细小的白色圆形斑点，因此得名珍珠毛足鲈。雄鱼在生命终结时，背鳍和尾鳍会抽丝；雌鱼的鳍则更圆，且颜色也没有雄鱼鲜艳。

Trichogaster trichopterus
三星毛足鲈

体长：10~15 厘米
体重：无数据
保护状况：未评估
分布范围：东南亚

三星毛足鲈生活在水质混浊、水流平缓的湿地、沼泽和浅运河中，或生活在植被丰富的积水处。比较喜欢水温 22~28 摄氏度的热带水域。偶尔还会出现在湄公河中下游流域淹水的树林中。它们通常生活在水底，雨季会从主河流迁徙至较小的水体，旱季会回到持续有水的水体中。以浮游动物、昆虫和甲壳纲动物的幼体为食。三星毛足鲈的口小而斜。背鳍中有 6~8 根鳍条，臀鳍中有 9 根鳍条。上颚竖直且可外突，下颚也十分突出。

尾鳍
残缺不全或有不清晰的边缘。

颜色
主色调为蓝色，有深色斑点。

有感应的鳍
腹鳍呈丝状，可作为浑水中的感应器官。

Trichopsis vittata
条纹短攀鲈

体长：3.9~7 厘米
体重：无数据
保护状况：未评估
分布范围：东南亚

条纹短攀鲈通体颜色较浅，胸部有一处黑色斑点，身上有几道横向的深色线条。栖居在 22~28 摄氏度的热带水域，其栖息地水质浑浊，多为死水，且植被丰富。主要以浮游动物、昆虫和甲壳纲动物的幼体为食。雌鱼在产卵期会产下由 4~6 枚鱼卵构成的"包裹"，雄鱼负责筑气泡巢并孵化。

Pseudosphromenus dayi
戴氏拟丝足鲈

体长：7.5 厘米
体重：无数据
保护状况：近危
分布范围：印度

戴氏拟丝足鲈栖居在 25~28 摄氏度的淡水沼泽、小池塘和由雨水蓄成的水坑中。雄鱼的体色比雌鱼鲜艳，颈部附近呈耀眼的橙色，尾部很大。为深海浮游生物，不迁徙。它们也用气泡筑巢，但不用植物作为支撑物，而是使用穴壁。

Betta albimarginata
白边搏鱼

体长：5 厘米
体重：无数据
保护状况：未评估
分布范围：东南亚

白边搏鱼最初于 1993 年在婆罗洲的加里曼丹岛被发现。雄鱼呈橙色、红色或栗色。背鳍、臀鳍和尾鳍均由三色构成：基部为橙色，中间为黑色，边缘为白色，因此得名白边搏鱼。雌鱼的色泽较暗，体色较深，有时甚至为黑色。雄鱼可将雌鱼产下的鱼卵置于大口中进行孵化，孵化的过程可能长达 15 天，期间雄鱼无法进食。其后，可孵化出多达 40 条鱼苗。

它们栖居在水流平缓的水域中，如较浅的河流和小溪，其栖息地有大量植被正在腐烂，如树干和被枯叶覆盖的底土层。主要以昆虫的幼虫为食。

叶形鱼

门:	脊索动物门
纲:	辐鳍鱼纲
目:	鲈形目
科:	3
种:	27

叶形鱼最大的特征是其卓越的伪装能力。它们的形态极像一片树叶，可以迅速改变颜色而不被觉察。大多数叶形鱼均是凶猛的捕食者，它们会悄无声息地接近猎物。它们头大，口前突，只有一片背鳍。

Badis badis
无线棕鲈

体长: 8 厘米
体重: 无数据
保护状况: 无危
分布范围: 印度、不丹、孟加拉国、巴基斯坦和尼泊尔

无线棕鲈栖居在 23~26 摄氏度的热带水域中，但也能忍受更低的水温，在池塘和沼泽区域亦有分布。它们的性情温和，喜独居。主要以无脊椎动物为食，也吃甲壳纲动物、昆虫和蠕虫。

雄鱼在繁殖期会出现色块变化，鱼鳍的蓝色也会加深。

雄鱼与接近其领地的雌鱼进行交配，并将它们引向巢穴。当雌鱼同意后，就会进入洞穴产卵，然后由雄鱼保护并捍卫巢穴。人工饲养无线棕鲈需要很大的空间，让它们大多数时间待在自己的藏身之处。无线棕鲈只捍卫自己领地那一块小小的范围，并会驱赶一切入侵者。

> 无线棕鲈还有一个俗名叫变色鱼，这是由于它们会变色。当它们感受到威胁时，就会变得苍白。当颜色变得很深时，就说明它们要开始进行攻击了。

背鳍
在背鳍基部和中间有一条或两条由黑色斑点构成的线条。

行为
无线棕鲈常被人们用于研究鱼类行为学。

颜色
身体呈红色，有深色的纵向条纹，且在繁殖期颜色还会加深。

Pristolepis fasciata
马来亚叶鱼

体长: 20 厘米
体重: 无数据
保护状况: 无危
分布范围: 东南亚

马来亚叶鱼身体侧扁，呈棕色，有 6~8 条棕褐色纵向条纹。主要以细丝状水藻、陆生植物、果实、种子和一些水生昆虫和甲壳纲动物为食。栖居在水流平缓或停滞的淡水水域中。它们在季风暴雨季进行周期性的迁徙。一旦进入旱季就回到主河道中。在一些地区，它们的生存状况已受到威胁。

Monocirrhus polyacanthus
多棘单须叶鲈

体长: 8 厘米
体重: 无数据
保护状况: 未评估
分布范围: 亚马孙河流域

多棘单须叶鲈的名称源于它们那与树叶十分相似的身形和体色。它们可以改变颜色，变成和枯叶一样的带暗色斑点的棕褐偏红色或偏黄色。多棘单须叶鲈是擅长埋伏的捕食者，它们会利用自己高超的伪装技能接近猎物，然后近距离攻击。它们要么小心翼翼地接近猎物，要么一动不动地趴在水底，等待猎物靠近。它们几乎只捕食小型鱼类，偶尔也吃无脊椎动物。

鲫鱼

门：	脊索动物门
纲：	辐鳍鱼纲
目：	鲈形目
科：	鲫科
种：	8

鲫鱼栖居在海洋中，分布十分广泛。它们身体修长，头部有一个椭圆形的吸盘，所以显得平滑。这样的结构明显是源于长满鳍棘的背鳍。鲫鱼用这个吸盘可黏着在大型水生脊椎动物身上，从而获取食物并进行迁徙。它们没有鳔，不擅长游泳。

Echeneis naucrates

鲫鱼

体长：1.1 米
体重：2.01 千克
保护状况：未评估
分布范围：环地球热带区域

鲫鱼生活在岸边或开放水域中，是鲫科在热带和温带水域中最具代表性的鱼种。可下潜至水下 50 米，在有些地方，人们能看到鲫鱼在珊瑚礁和低平海岸自由地游动。它们身体瘦长，头部有一个巨大的吸盘，可吸附在其他动物身上，吸盘由一个巨大的椭圆形盘状物和一系列鳍瓣（18~28 个）构成。鲫鱼的寄主通常为鲨鱼，也可能是魟鱼、海龟、鲸鱼、海豚、大型硬骨鱼甚至船只。寄主动物不会受到伤害，鲫鱼只是吃寄主的食物残渣。它们是肉食性动物，但具体食物取决于寄主的饮食习惯。

人们对鲫鱼的繁殖情况知之甚少，只知道它们是体外受精，在春夏交替时进行繁殖。鱼卵很大，在深海浮游，外面有保护层。鱼苗被孵化出来时尚未发育完全。它们有一年时间自由生活，当长到 3 厘米时就吸附到寄主身上。

保育

虽然人们尚未发现对鲫鱼的直接威胁，但鲨鱼数量的减少说明鲫鱼可选择的寄主数量在减少。

吸盘

鲫鱼的吸盘位于头顶，使它们可以吸附在寄主身上。

鱼鳍

成鱼的鱼鳍被磨成圆形，其中背鳍和臀鳍的边缘为白色。

Remora remora

短鲫

体长：86.4 厘米
体重：1.07 千克
保护状况：未评估
分布范围：环地球热带区域

短鲫几乎分布在所有大洋的热带海域。它们为深海浮游鱼类，主要吸附在鲨鱼及其他大型海洋脊椎动物身上。它们的吸盘形似许多寄生生物的黏着结构，目前尚未被发现会伤害寄主。但人们还不清楚鲨鱼是真的欢迎它们吸附在自己身上，还是根本无法摆脱它们。不过人们从未在鲨鱼胃中发现短鲫。甚至有研究发现寄主可能会从这种关系中获益，短鲫可移除寄主鳃部和嘴边区域的寄生生物。这种生活习惯非常明显，根据对人工养殖短鲫的观察，它们需要有高速的水流通过鳃，无法在平静的水域中存活。

裂鳍鱼

裂鳍鱼的胸鳍和腹鳍类似四足动物的四肢，它们的体形更接近陆地上的脊椎动物而不是其他有鳍棘的鱼类。有人认为，裂鳍鱼是两栖动物的祖先，也就是我们人类的祖先。

一般特征

裂鳍鱼或肉鳍鱼属于硬骨鱼，又称腔棘鱼（Sarcopterigios，源自希腊语 sarx——肉，pteryx——鳍），它们基部的骨头类似四足动物的四肢。它们的牙齿上有珐琅质。在用肺或通过鳃呼吸时，心脏瓣膜可以调节血液的流通。过去裂鳍鱼的种类繁多，但现存的只有2种空棘鱼和6种肺鱼。

门：脊索动物门
纲：辐鳍鱼纲
亚纲：2
目：3
科：4
种：10

空棘鱼
空棘鱼的鱼鳍基部提供了脊椎动物进化的重要信息。

外形特征

裂鳍鱼的标志性特征包括较小的肺部循环（相较于其他有肺动物）和身体下方成对的裂鳍。裂鳍鱼的循环系统与两栖动物类似，在心脏中将两个循环系统分开（静脉循环和动脉循环），有肺静脉和体静脉之分。肺静脉从肺部连接至心耳房（左心耳房）并输送氧气。血液通过心室被输送到全身各处。有肺动物的心耳是分开的，其中左心耳房中连接着肺血，并有氧气供应（通过肺静脉），右心耳房则接受静脉窦的静脉血。富氧血和缺氧血一旦在心室中混合就会产生新的物质，好在心房可高效地将二者分离。裂鳍鱼的心房和眼窝之间有鼻泪管连接，从而能保持眼睛湿润。它们有时会利用有肌肉组织的裂鳍来运动，这和四足动物的祖先占领陆地栖息地的方式一样。裂鳍鱼具有成对的鳍，由一长列中轴骨及两侧辐状骨组成，这一结构是其名称的由来。

古代物种的构造

肉鳍鱼的进化速度很慢，几乎几百万年间都毫无变化。肉鳍鱼的后代在大陆环境中分布广泛，其中最重要的特征就是带有基部的偶鳍，这与四足动物的四肢类似。

尾鳍
尾鳍的结构非常有特色：肌肉组织丰富且有突出的小叶。

消化系统
粗壮的食管通向胃部，胃中有许多小腺体。

胸鳍
通过一根鱼骨与胸带相连，与四足动物的肱骨类似。

人们普遍认为这种海洋鱼类是陆地生物（四足动物）的祖先，所以我们称幸存的裂鳍鱼为"活化石"。南美洲肺鱼和非洲肺鱼的胸鳍和腹鳍为原鳍（其中美洲肺鱼的胸鳍和腹鳍呈丝状），这说明裂鳍鱼祖先带肌肉组织的裂鳍已经消失。澳大利亚的肺鳍鱼依然保留着肉鳍，用于在水底缓慢"行走"。肺鱼的尾鳍很尖，被称为圆尾（脊柱向后延伸至尾部末端，尾巴与背叶和腹叶对称）。裂鳍鱼的另一特征为鳞片嵌入身体。

细分

裂鳍鱼可分为两大类：空棘鱼和肺鱼。空棘鱼（亚纲：腔棘亚纲）的偶鳍基部有鳞片，长可达 1.5 米，重可达 68 千克。它们的颜色多样，从棕褐色到蓝色均有，具体取决于是何品种。空棘鱼为卵胎生（与大多数鱼类不同，空棘鱼为体内受孕）。它们栖居在 150~300 米深的水域中，捕食其他海洋鱼类。目前世界上仅存两种空棘鱼：即最近被发现的西印度洋矛尾鱼（*Latimeria chalumnae*）和印尼矛尾鱼（*Latimeria menadoensis*）。肺鱼（亚纲：肺鱼亚纲）与其他鱼类不同，有始于腹侧肠壁的一个或两个官能肺，一直延伸到咽部。肺鱼偶裂鳍的基部有鳞片，在鱼苗阶段也有外鳃。目前有 3 种淡水肺鱼被称为冈瓦纳鱼（它们以前分布在冈瓦纳超大陆）：非洲肺鱼（其中包括 4 个品种）、美洲肺鱼和澳大利亚肺鱼。非洲肺鱼和美洲肺鱼对肺的利用率更高，而澳大利亚肺鱼则更依赖水。肉鳍鱼与四足动物关系密切，虽然现在仅存空棘鱼和肺鱼，但在古代数量却很庞大（尤其是在泥盆纪和石炭纪）。肺鱼和四足动物的某些相似之处暗示了它们之间的相近关系。但由于肺鱼是一种非常特殊的动物，这些相似之处可能是独立演化而来（即趋向一致的过程）。四足动物的祖先来自于总鳍鱼和扇鳍鱼的交配。它们有一对鼻孔向外张开，可能是用作嗅觉器官，并与上颚沟通。气门可以形成中耳腔。一些专家认为，从肺鱼起，鱼类就开始通过过渡形态向四足动物进化，直到变成迷齿亚纲等两栖动物。然而，自从发现提塔利克鱼或孔螈等"四足动物形态"的动物化石遗迹以来，专家们也开始采用其他分类方法进行研究。上述动物已具备"两栖动物"的特征，如侧线减少，眼睛背生，骨头的数量减少或某些骨头消失，进一步进化后，胸带与头部分开（出现脖子）或腹腰部分与脊柱相连。

适应干旱
肺鱼栖居的区域有时会缺水，为了生存，它们使用肺呼吸或钻入淤泥洞中。

对夏季炎热气候的适应

当旱季水位下降时，非洲肺鱼（非洲肺鱼属）会建造一个湿润的土茧，将自己包裹起来。由于有了保护，肺鱼可安心进入昏睡状态。它们的心跳、呼吸、新陈代谢会发生巨大变化：降低氧气消耗、心率和血压。这样它们能在不吃不喝的情况下存活几个月甚至几年。

1

水位下降时
肺鱼在河床处寻找一片由软泥构成的易于钻入的土地。它们在这片土地中构建洞穴用于藏身。

2

头部
头部钻入土地后，肺鱼会分泌一种黏性物质以利于滑动，然后再利用脱水作用进行自我保护。

3

在干旱期
肺鱼将自己头朝上折叠起来。在水位下降前，它们会用黏土塞封住入口。

肺鱼

肺鱼的特点是肉质鳍基和肺式呼吸。它们的鼻腔与嘴相通。目前所有幸存的肺鱼品种均生活在南半球（非洲、南美洲和澳大利亚）的淡水环境中，且每个大陆只有一个代表鱼属。许多肺鱼会进行夏眠，这样才能在恶劣的环境中存活下来。过去，人们常认为肺鱼是四足动物的祖先。

门：	脊索动物门
纲：	辐鳍鱼纲
亚纲：	肺鱼亚纲
目：	角齿鱼目
科：	2
种：	5

基本的肺
原鳍鱼（*Protopterus annectens annectens*）的呼吸结构原始却高效。

共同特征

肺鱼的头部有轻微的骨化现象，牙齿呈板状，颚部直接支撑头部。它们用坚硬的扇骨支撑身体（脊索），"椎骨"无法使身体定型，只能呈现出弓形。它们的鱼鳍非常原始，为双排（即中轴两侧有两列鱼鳍，但数量可减少）原鳍（原文为 *arquipterigio*，*arqui*——古老的，*pterigio*——鳍）。偶鳍和头部均有鳞片覆盖。它们最显著的特征为具有单囊或双囊（一种原始的肺，可用于获取大气中的空气），并可以减少部分的鳃。消化管中有螺旋瓣，终结于泄殖腔，可增加肠道的吸收面积。目前现存的淡水肺鱼有 6 种：4 种非洲肺鱼、1 种美洲肺鱼和 1 种澳大利亚肺鱼。它们有吸入式鼻腔（即水流入的鼻孔）和呼出式鼻腔（即水流出的鼻孔）。它们的呼出式鼻腔与硬骨鱼的呼出式鼻腔不同，位于嘴唇以下（在进化过程中逐渐转向嘴唇下侧）。内鼻腔则在颚部打开。

环境

目前，所有肺鱼都生活在南半球，它们的外观、构造和行为都十分相似。

澳大利亚肺鱼
Neoceratodus forsteri

非洲肺鱼
protopterus sp.

美洲肺鱼
Lepidosiren paradoxa

性别二态性

美洲肺鱼在雨季繁殖，成年鱼生活在洪涝区域，构筑洞穴形的巢。雄鱼的鱼鳍上发育出"腹鳃"式丝状物，此结构上布满血管，可在水中释放额外的氧气。

雌鱼

雄鱼

腹鳃

Protopterus aethiopicus aethiopicus
石花肺鱼

体长：1~2米
体重：17千克
保护状况：未评估
分布范围：非洲

石花肺鱼生活在较深的淡水水域，最深可达60米。身体有黏性，且为圆柱形，色暗，背部呈板岩灰，腹部为灰色偏黄或灰偏粉红，遍布着深色斑点；头部有感官通道，身体为黑色。尾巴尖，与背鳍和臀鳍合为一体；胸鳍和腹鳍细长。幼鱼有外鳃骨。具备极为重要的在空气中呼吸的能力。栖居在河流、湖泊和沼泽中，也能在长时间的干涸流域中存活。在干燥期，它们可以留在茧中，通过一个与外界连接的通道呼吸空气。石花肺鱼在洪涝期进行繁殖，雌鱼将鱼卵产在洞穴中后就由雄鱼照看，雄鱼会保护鱼卵和幼鱼。石花肺鱼以软体动物、鱼类和昆虫为食。

感官通道
石花肺鱼的感官通道构成侧线系统的一部分，在头部和颈部可见。

休眠状态
在休眠期，石花肺鱼的新陈代谢变慢，从其组织的蛋白质中获取能量。

Protopterus annectens annectens
原鳍鱼

体长：1米
体重：4千克
保护状况：未评估
分布范围：非洲西部

原鳍鱼是淡水鱼，生活在沼泽边缘、河流下游和湖泊中。它们体态浑圆，面部突出，眼睛很小。偶鳍又细又长。有3个外部鳃。体背呈橄榄棕色；腹部偏白；身体和鱼鳍上有黑色或棕色斑点，只有腹部无斑点。以水生植物为食，并依赖它们产卵。在旱季会构筑一个土茧，能蜷曲在其中生存超过一年，但一般原鳍鱼只会在夏季休眠。

Lepidosiren paradoxa
美洲肺鱼

体长：1.25米
体重：2千克
保护状况：未评估
分布范围：南美洲

美洲肺鱼栖居在淡水中，能呼吸大气中的空气。它们通常在夜间活动，比较喜欢水流平缓或静止的浅水水域。主要以生活在河底的甲壳纲动物为食，此外也吃软体动物和小鱼。幼鱼会吃昆虫的幼体和蜗牛。在繁殖期雄鱼会承担护卫的责任，此时它们的胸鳍中会生出布满血管的丝状突起来给鱼卵供氧。鱼卵产在底部封闭的洞穴中，巢的长度可达1.5米。幼鱼有外鳃，但很快又会退化。从第七周起，幼鱼开始用肺呼吸，此时肺的大小在35~40毫米之间。

Neoceratodus forsteri
澳大利亚肺鱼

体长：1.7米
体重：40千克
保护状况：未评估
分布范围：大洋洲

澳大利亚肺鱼是底层淡水鱼，体长且肌肉发达，体侧扁，尾鳍为圆尾，且末端尖。其背部和体侧呈橄榄绿偏深棕绿色，腹部呈奶黄色或粉红色。鳞片又大又圆，层层重叠。胸鳍基部肉质丰厚、强劲有力；腹鳍与胸鳍相似，只是更小些。头大而扁，嘴位于头的前端。澳大利亚肺鱼的肺部很大，布满血管且分为两室。

干旱
它们可以在非常干旱的地区存活，只需改变其在水面的呼吸即可，但是澳大利亚肺鱼无法进行夏眠。

鳞片
澳大利亚肺鱼的鳞片很大，呈板状。

鳍
鳍的肉质丰厚

空棘鱼

空棘鱼生活在较深的海域中。起初人们认为空棘鱼是陆生脊椎动物的祖先，因为它们具备陆生脊椎动物的共同特征，且与大多数鱼类不同。其中一个显著的特点是偶鳍基部肉质丰厚，与腰部相连，这与四足动物的四肢十分类似。

门：	脊索动物门
纲：	辐鳍鱼纲
目：	腔棘鱼目
科：	1
种：	2

形态特征

关于空棘鱼柔软的结构和流线型身体的研究均表明它们与软骨动物十分类似。即使我们认为空棘鱼是"原始脊椎动物"，它们依然进化出许多独有的特征。它们有两片背鳍，每片背鳍的近侧均有骨结构；第一背鳍为帆形，而第二背鳍、臀鳍、胸鳍和胸鳍的基部均由肌肉组织（叶）构成。这些鱼鳍与肺鱼化石的叶鳍十分相似，但任何其他鱼类均未发育出 7 片肉质鳍。它们并无真正的脊柱，却有牢固的脊索，脊索发育完好且壁厚，成鱼的管状脊索中充满液体（在大多数鱼类的发育过程中，脊索都被骨

空棘鱼化石

"活化石"

当我们比较活体空棘鱼和空棘鱼化石时会发现，几百万年来，空棘鱼的形态似乎丝毫未变。

质脊柱中心取代）。尾鳍与众不同，是 3 个叶片，其中中间的叶片偏小且突出。

空棘鱼脊椎的结构与古代两栖动物的脊椎类似。它们的鳞片大而突出，且呈黏粒型。每尾空棘鱼白色斑点的分布都各不相同，可以据此进行辨识和跟踪。

进化

空棘鱼被视为"活化石"，近 4 亿年来体形几乎没有任何变化。现存空棘鱼与寿命长达 7500 万年的岩石中的化石标本类似，这大大出乎科学家的意料。

目前我们了解到，空棘鱼在泥盆纪数量巨大，可能比现在的硬骨鱼还多。

常见栖息地

空棘鱼生活在多岩石的陡峭水底，在日间藏身于洞穴中。它们为卵胎生动物，鱼卵个头很大。当它们在海底运动时，会轻轻摆动肉质偶鳍，极像四足动物行走时四肢的动作。

深度专家

虽然空棘鱼的外形很原始，但它们有许多独有的特征，且能适应不同深度的海洋环境。这些特征利于其生存，无论是过去还是现在。

古老的居住者

早在 3 亿年前，即恐龙灭绝前，空棘鱼就出现了。

空棘鱼的体色使其轮廓变得模糊不清，让捕食者难以辨识。

空棘鱼的眼睛中有一种组织可以反射微弱的光线，所以当空棘鱼下潜至深处时，它们的眼睛可以反光。

空棘鱼的第一背鳍与其他鱼鳍不一样，它不是肉质的，且为帆形。

Latimeria chalumnae
西印度洋矛尾鱼

体长：2 米
体重：95 千克
保护状况：极危
分布范围：印度洋和非洲南部海域

西印度洋矛尾鱼是底层海鱼，栖息深度可达 150~700 米。它们呈金属蓝色，头部和身体的其余部分均分布有不规则的蓝白斑点，且能分泌大量的油脂和黏性物质。它们的头部没有鳞片，下颚中有尖利的牙齿。鱼鳔较长，且充满油脂，有利于矛尾鱼漂浮在水中。肠道中有螺旋瓣，有助于吸收。西印度洋矛尾鱼会进行渗透调节：在血液中保留三甲胺氧化物和尿素，并用直肠腺排出多余的盐分。成鱼的大脑相对较小。它们是机会主义捕食者，一般在夜间捕食。它们的猎物通常为鱼类、乌贼和头足纲动物等海底动物或浅海底动物，且基本在海底的洞穴

中进行捕食。矛尾鱼采用体内受精的方式，鱼卵位于雌鱼的输卵管中，胚胎也在此发育（30~33 厘米），每个胚胎均有一个巨大的卵黄囊，这意味着西印度洋矛尾鱼是卵胎生动物。虽然人们认为胚胎从鱼卵或子宫中的其他胚胎中汲取营养，但一些研究表明它们也可以吸收子宫分泌物(子宫乳)。

铰链

西印度洋矛尾鱼的头骨由铰链式的关节分开。不仅颚骨可以向下运动，颅骨也可向上运动，这使得它们的嘴可以张得非常大，且能吸入更多物质。

移动的位置
西印度洋矛尾鱼头朝下，身体几乎呈竖直状，用能接收电刺激的面部组织来探索海底。

上匙骨
匙骨
基部肩胛骨喙突
单轴鳍
胸带
轴
外匙骨

鱼鳍
胸鳍为肉鳍（有肌肉的）。矛尾鱼的骨头与四足动物的四肢类似。

Latimeria menadoensis
印尼矛尾鱼

体长：1.4 米
体重：30~100 千克
保护状况：易危
分布范围：太平洋中西部海域

印尼矛尾鱼是海洋底层鱼类，生活在 150~200 米深的火山多岩石山坡上或碳酸盐洞穴中。它们体形硕大且强壮，直到 1998 年才被发现，与其亲缘种西印度洋矛尾鱼十分相似。它们的尾梗几乎与身体同宽。头部很强壮，眼大，口长在前端。前鼻腔形成了小乳突，位于鱼吻的上边缘处。头部有突出的板状物，朝向中线。头骨处有明显的成对骨质板状物，正好位于眼睛的上方和后方。第一背鳍一般有 8 根骨质鳍条。第二背鳍、臀鳍、胸鳍和腹鳍的基部均为肉质。尾巴的构造并不典型，分为三部分：最上和最下的部分中有许多鳍条，中间部分很小，脊索就从这里穿过。鳞片很大，其中有很多小型齿状物。头部、躯干和叶鳍呈灰棕色，且分布着许多不规则的白色斑点。最近发现的少数印尼矛尾鱼尚不足以研究其习性。它们的饮食与其他空棘鱼类似，包括小鱼和鱿鱼。雌鱼会产出很大的鱼卵，并在输卵管中孵化，然后直接生出小鱼。印尼矛尾鱼在印度尼西亚受到保护，且被纳入华盛顿公约（CITES）附录一中。

保护状况
捕捞鲨鱼和其他鱼类时会误捕到印尼矛尾鱼，这对它们的数量影响很大，由于印尼矛尾鱼生长速度缓慢且繁殖率低，它们数量原本就很少。我们还应进一步对印尼矛尾鱼进行研究，这样才能更好地保护它们。

图书在版编目（CIP）数据

国家地理动物百科全书. 鱼类. 鲈形类·裂鳍鱼 / 西班牙 Sol90 出版公司著；董舒琪译 . -- 太原：山西人民出版社, 2023.3

ISBN 978-7-203-12497-9

Ⅰ. ①国… Ⅱ. ①西… ②董… Ⅲ. ①鱼类－青少年读物 Ⅳ. ① Q95-49

中国版本图书馆 CIP 数据核字 (2022) 第 244671 号

著作权合同登记图字：04-2019-002

国家地理动物百科全书. 鱼类. 鲈形类·裂鳍鱼

著　　者：西班牙 Sol90 出版公司
译　　者：董舒琪
责任编辑：孙　琳
复　　审：崔人杰
终　　审：贺　权
装帧设计：吕宜昌

出　版　者：山西出版传媒集团·山西人民出版社
地　　址：太原市建设南路 21 号
邮　　编：030012
发行营销：0351-4922220　4955996　4956039　4922127（传真）
天猫官网：https://sxrmcbs.tmall.com　电话：0351-4922159
E-mail：sxskcb@163.com 发行部
　　　　　sxskcb@126.com 总编室
网　　址：www.sxskcb.com

经　销　者：山西出版传媒集团·山西人民出版社
承　印　厂：北京永诚印刷有限公司

开　　本：889mm×1194mm　1/16
印　　张：5
字　　数：217 千字
版　　次：2023 年 3 月　第 1 版
印　　次：2023 年 3 月　第 1 次印刷
书　　号：ISBN 978-7-203-12497-9
定　　价：42.00 元